Tracing the Origins of Algebra

A Study on *Algebra* by Al-Khowārizmī

代数溯源

花拉子密《代数学》研究

郭园园◎编著

科学出版社

北京

内 容 简 介

本书介绍了中世纪伊斯兰文明中的数学成就、著名伊斯兰数学家花拉子密及其代表作《代数学》，并将《代数学》与不同文明、不同历史时期的相关数学著作进行比较，以此来探究花拉子密的数学思想渊源及其在数学史上的重大作用。此外，为便于读者更好地全面了解《代数学》这本著作，本书最后附上了这本书的全书翻译版本。

本书适合数学史专业学者及所有数学爱好者阅读和参考。

图书在版编目（CIP）数据

代数溯源：花拉子密《代数学》研究 / 郭园园编著. —北京：科学出版社，2020.8

ISBN 978-7-03-058179-2

Ⅰ.①代…　Ⅱ.①郭…　Ⅲ.①代数-数学史　Ⅳ.①O15

中国版本图书馆 CIP 数据核字（2018）第 138983 号

责任编辑：朱萍萍　程　凤 / 责任校对：郑金红

责任印制：赵　博 / 封面设计：有道文化

科学出版社 出版

北京东黄城根北街 16 号

邮政编码：100717

http：//www.sciencep.com

北京市金木堂数码科技有限公司印刷

科学出版社发行　各地新华书店经销

*

2020 年 8 月第　一　版　开本：720×1000　1/16

2025 年 2 月第四次印刷　印张：12 3/4

字数：235 000

定价：88.00 元

（如有印装质量问题，我社负责调换）

序　言

公元 7 世纪后迅速崛起的伊斯兰文明是人类文明史上的一个奇迹。阿拉伯半岛特殊的地理位置导致东西方文化在这里融汇。中世纪的伊斯兰世界不仅吸收保存了东西方古代文化，而且创造了灿烂的伊斯兰文化。伊斯兰科学技术史一直是引人入胜的学术研究领域。早在 19 世纪，西方学者就开始研究伊斯兰科学技术史。他们在著作中描述的阿拉伯人的主要功绩是为欧洲文艺复兴和近代科学革命保存、输送了古希腊文化。这种观点根深蒂固且一直在学术界流行。20 世纪 70 年代以来，法国的“伊斯兰数学史”学者拉希德（Roshdi Rashed，1936～　）教授对伊斯兰数理科学文献进行了系统解读，揭示了一些欧洲近代科学思想方法早已出现在伊斯兰的科学著作中，颠覆了欧洲中心主义观点。由于伊斯兰文化在世界文化交流史上占有特殊地位，所以探究其文化来源就显得特别重要，但也十分困难。吴文俊院士设立的“数学与天文丝路基金”（简称“丝路基金”），旨在探究中国古代科学文化对印度文明、伊斯兰文明乃至近代欧洲文明的影响，以鼓励和资助青年学者调查研究古代中国与亚洲各国（重点为中亚各国）的数学、天文交流。关于“丝路基金”设立的意义和作用，李文林先生与郭世荣先生在一些文章和书序中论述甚详，此不赘言。

郭园园博士是 2006 年考入天津师范大学开始跟随我读数学史方向硕士研究生的。报考研究生之前，他已在天津一所重点中学任教，且本来报考的是天津大学的“应用数学”专业，但因差一两分没有被录取，转而来天津师范大学读科学技术史专业。入学后，我们就研究方向和学位论文选题问题交谈过几次。

他告诉我，他的志向是做学术研究而不是混一张文凭。这样的学生得之不易，我当时窃喜，也慎重考虑如何就其学业做长远规划。我的研究领域主要是日本数学史，前面指导的几位研究生都学了日语、研究和算史，正犹豫是否也让郭园园学日语、研究和算史。负责“丝路基金”研究项目组织工作的李文林先生命我物色、培养有潜力的研究生学习阿拉伯语，加入“丝路基金”西线工作小组。阿拉伯语是一个比较难的语种，要想学好，既要有学习能力又要有毅力。而且科学技术史是冷门专业，大家都认为就业形势堪忧，出于对其学术前途负责也对“丝路基金”项目负责的考虑，晓之以甘苦、利害，令其权衡以早做决断。郭园园下定决心要潜心做研究。我立即推荐并得到李文林先生支持，让其加入“丝路基金”西线工作小组，立即去天津外国语大学插班学习阿拉伯语。由于阿拉伯语的课程都安排在上午，为不耽误他的科学技术史专业课学习，我将专业课的时间都调整到下午。他每天早上从天津的西南角（住所）出发，乘地铁去位于小白楼附近的天津外国语大学赶8点的阿拉伯语课程，中午再从小白楼坐一个多小时的公交车去位于西青区的天津师范大学上专业课。因早上从天津师范大学坐公交去小白楼赶不上早上8点的课程，所以他晚上还得坐一个半小时的公交车回位于天津西南角的住所。两年时间里，他每天在跨越半个天津市区的三角形交通线上奔波，其中的辛苦我最清楚。他硕士毕业后考入上海交通大学攻读博士学位，在“丝路基金”的资助下赴上海外国语大学继续学习阿拉伯语，并利用国家留学基金赴法国访学一年，收集了大量关于伊斯兰数学的历史文献。

欧洲近代数学主要继承了古代西方几何学和东方代数学两种传统。一般认为，几何学是西方古希腊的传统，代数学是东方阿拉伯、印度的传统，但是中国古代代数学是否直接影响了伊斯兰代数学，或者中国宋元代数学是否受到伊斯兰代数学的影响，还是难以证实的历史问题。因此，探讨伊斯兰代数学的古代传统是非常有意义的学术问题。郭园园博士最近几年的研究工作即以此为中心。2016年出版的《阿尔·卡西代数学研究》（上海交通大学出版社），乃是其在博士论文基础上完成的原创性著作，对阿尔·卡西（al-Kāshī）的几本数学著作进行了深入解读，探讨了其中的代数学思想和方法特点。李文林先生在该书序言中喻其为“十年磨一剑的工作”。而《代数溯源——花拉子密〈代数学〉研究》是在其硕士论文的基础上扩充而成的著作，可谓其初试牛刀之作。花拉子密（al-Khowārizmī）的《代数学》是世界数学史上最有影响的著作之一，花拉子密几乎成为代数学的代名词。国际学术界研究花拉子密及其《代数学》的成果十分丰富。其硕士学位论文选择这个题目，目的是训练其用所学阿拉伯语解读一手历史文献进行研究的能力。外国数学史研究在文献考证方面不可能做到像中国数学史研究那样广博与深入，其论文的主要成绩是校订了 1831 年花拉子密《代数学》英译本［罗森（Frederich August Rosen）译］的错误，给国内学术界提供了一个极具权威的《代数学》中文译本，并且对《代数学》的代数方法做了比较研究。

历史知识的增长有赖于新史料的发现与严谨的历史考证，研究中外数学交流史不仅需要掌握历史语言，具有足够的数学知识与数学素养，而且还需要考察数学以外的历史文献与社会文化背景。伊斯兰数学的文献十分丰富，但大都是手抄本，文字辨认困难，其中很多著作没有被解读过，因此需要整理、解读这些文献，皓首穷经，方可掌握其数学全貌与历史脉络。此外，就丝绸之路文化交流史的研究而言，仅仅掌握阿拉伯语还不够，丝绸之路历史上使用的语言十分繁多。19 世纪末以来在吐鲁番出土的古代文献中使用的文字就达 17 种之多，书面语言竟达 24 种。敦煌文献中的语言，除汉字外，不仅有吐蕃文、回鹘文、突厥文、契丹文、吐火罗文、摩尼文、于阗文、粟特文、西夏文、蒙古文和八思巴文等少数民族文字，还有佉卢文、梵文、古波斯文、叙利亚文等外国语言文字。只有与国内外相关学者合作研究，才能获得收益。如今见到郭园园博士成为伊斯兰数学史研究专家，十分欣慰，祝愿他在伊斯兰数学史研究的学术道路上越走越宽！

徐泽林

2019 年 5 月

于松江

前　言

中世纪的伊斯兰数学是东西方数学联系的一座桥梁，对其的研究具有重要意义。公元 7 世纪，伊斯兰文化突然觉醒，大量的古代科学知识得以保留，之后的不同时期，巴格达、科尔多瓦、布哈拉、花剌子模、撒马尔罕等诸多城市成为重要的科学中心。阿拉伯人通过各种途径组织搜集了大量古希腊和印度的数学、天文学著作。同时有叙利亚、伊朗、美索不达米亚和印度等地的大批学者被邀请或聚集到这些地方，其中不乏相当出色的翻译人员，他们把数量繁多的文献译成阿拉伯文。在翻译过程中，他们重新校订和注释了许多文献，除了欧几里得、阿基米德等古希腊著名学者的数学和天文学著作，还有印度数学家和天文学家的著作。这些阿拉伯文译本成为后来欧洲人了解古希腊数学的主要来源，因此阿拉伯人在对古希腊和古代印度数学知识的保存上是功不可没的。更重要的是，阿拉伯人并非缺乏独创精神的古希腊、古代印度数学的模仿者，他们在代数学、几何学和三角学等领域都做出了重要贡献。12～15 世纪，伊斯兰数学传入欧洲，为近代数学的形成打下了坚实的基础。因此，深入研究伊斯兰数学及其与不同文明数学之间的关系是一项十分有意义的工作。

如果将 1831 年花拉子密《代数学》英译本[1]（罗森译）的出版视为近代欧美学者在伊斯兰数学研究领域的起点，那么他们已经在此领域耕耘了近两个世纪，先后涌现出了诸如韦普克（Franz Woepcke，1826～1864 年）、勒基（P. Luckey，1884～1949 年）、阿道夫·帕夫洛维奇·尤什克维奇（Adolf P. Youshkevitch，1906～1993 年）、拉希德等一批重要的伊斯兰数学史专家和大量研究成果。

在我国，一方面由于伊斯兰数学联系古今、中西的特殊地位，尤其是与中国古代数学有千丝万缕的联系；另一方面由于国内的相关研究起步较晚且成果较少，同时缺少掌握阿拉伯语的相关人才，吴文俊院士曾大声疾呼，在国内开展伊斯兰数学史的研究。吴文俊院士在“2002 国际数学大会”开幕式主席致辞中指出：“现代数学有着不同文明的历史渊源。古代中国的数学活动可以追溯到很久以前。中国古代数学家的主要探索是解决以方程式表达的数学问题。以此为线索，他们在十进位值制记数法、负数和无理数及解方程式的不同技巧方面做出了贡献。可以说，中国古代的数学家们通过丝绸之路与中亚甚至欧洲的同行们进行了活跃的知识交流。今天我们有了铁路、飞机甚至信息高速公路，交往早已不再借助丝绸之路，然而丝绸之路精神——知识交流与文化融合应当继续得到很好的发扬。”正是为了发扬“丝路精神”，就在“2002 国际数学大会”召开的前一年，吴文俊院士从他获得的“国家最高科学技术奖”奖金中先后拨出 100 万元人民币建立了“丝路基金”，用于促进并资助有关古代中国与亚洲各国（重点为中亚各国）数学与天文学交流的研究。[2]

就数学而言，沿丝绸之路进行的知识传播与交流，促成了东西方数学的融合，孕育了近代数学。事实上，诚如吴文俊院士自 20 世纪 70 年代以来进行的数学史研究中揭示的那样，数学的发展包括定理证明和方程求解两大主要活动。定理证明是古希腊人首创，后来构成了数学发展中演绎倾向的脊梁；方程求解则繁荣于古代和中世纪时期的中国、印度，引发了各种算法的创造，形成了数学发展中强烈的算法倾向。然而遗憾的是，相对于古希腊数学而言，数学发展中的东方传统与算法倾向并没有受到应有的重视，甚至被忽略。因此，探明古代中国与亚洲各国沿丝绸之路数学与天文学交流的情况，对于客观地揭示近代数学中所蕴含的东方元素及其深刻影响，无疑具有正本清源的历史价值。[3]笔者正是受吴先生这一高瞻远瞩倡导的影响，加入“丝路基金”西线工作小组，在该基金的资助下学习阿拉伯语进而研究伊斯兰数学史。

在吴文俊“丝路基金”的支持、推动下，有关研究得到了积极的开展并取得了初步的成果，“丝绸之路数学名著译丛”就是“丝路基金”首批资助项目部分研究成果的展示。这套丛书包括《莉拉沃蒂》、《算法与代数学》、《计算之书》、《和算选粹》和《算术之钥》5 本。其中《算法与代数学》和《算术之钥》

是由新疆大学的依里哈木·玉素甫和阿米尔两位教授负责的。由依里哈木·玉素甫和武修文合作翻译的《算法与代数学》[4]一书中的后半部分是花拉子密《代数学》[5]的第一个中文译本，其翻译工作在国内是开创性的，具有很高的学术价值。

2018 年，笔者在硕士论文[6]工作的基础上，结合自己近十年来的研究心得，同时得益于国内外多位相关领域专家学者的指导，修订并整理出本书的研究部分。鉴于笔者的研究水平、掌握的研究文献与资料有限，疏漏之处在所难免，敬请读者指正。

郭园园

2019 年 1 月

目　录

序言……………………………………………………………………………………i

前言……………………………………………………………………………………v

第一章　中世纪的伊斯兰文明与数学……………………………………………1

第一节　伊斯兰文明的兴起……………………………………………………1

第二节　中世纪的伊斯兰数学…………………………………………………2

第二章　花拉子密及其著作…………………………………………………………5

第一节　花拉子密的生平…………………………………………………………5

第二节　花拉子密的著作和数学成就…………………………………………10

第三节　《代数学》的版本流传………………………………………………15

第四节　《代数学》的主要内容………………………………………………17

第三章　《代数学》代数思想探源…………………………………………………25

第一节　古代代数思想源流……………………………………………………25

第二节　《代数学》与欧几里得《几何原本》…………………………………30

第三节　《代数学》与丢番图《算术》…………………………………………34

第四节　《代数学》与印度数学…………………………………………………39

第五节　《代数学》与《九章算术》……………………………………………50

第六节　小结………………………………………………………………………63

第四章 《代数学》在伊斯兰世界的影响 …… 64

第一节 《代数学》对伊斯兰代数学的影响 …… 64

第二节 伊斯兰代数学的发展 …… 71

第五章 《代数学》在欧洲的影响 …… 75

第一节 对斐波那契的影响 …… 75

第二节 对欧洲近代数学的影响 …… 78

第六章 结语 …… 81

附录 花拉子密《代数学》汉译 …… 83

参考文献 …… 181

人名索引 …… 185

后记 …… 188

第一章

中世纪的伊斯兰文明与数学

第一节　伊斯兰文明的兴起

公元 4～7 世纪，萨珊波斯帝国（Sassanid Empire，公元 224～651 年）和拜占庭帝国（Byzantine Empire，公元 395～1453 年）为争夺东方商路和小亚细亚，进行了长达百余年的战争。长年战乱导致两个庞大帝国的军力日渐衰弱。同时战争的破坏、商路的改变导致阿拉伯半岛经济衰退、阶级矛盾激化、社会动荡不安。为了反抗异族侵略，各阶层都有建立统一国家的愿望。在公元 7 世纪的前半叶，阿拉伯人崛起了。

先知穆罕默德（Muḥammad，公元 570～632 年）于公元 610 年在麦加（Mecca）创立了伊斯兰教。公元 622 年，穆罕默德及其信徒迁往雅兹里布［后改名为“麦地那”（Medina）］。在那里，穆罕默德的信徒越来越多，他成为当地的法官、集团领袖和军事统帅。公元 630 年，穆罕默德率军占领了宗教中心麦加城，确立了伊斯兰教在阿拉伯半岛的统治地位。穆罕默德去世时，阿拉伯半岛已大体统一，随后阿拉伯人开始了对波斯帝国和拜占庭帝国的全面战争。

在随后不到一个世纪的时间里，阿拉伯帝国[①]（公元 632～1258 年）的版图不断扩大。首先他们占领了叙利亚，然后把古埃及从拜占庭帝国的手中抢过来。

① 中国史书称之为“大食”，西方史书称之为“萨拉森”。“萨拉森”是公元 1～3 世纪西方古典作家对西奈地区阿拉伯人的称呼，中世纪时成为基督徒对中东地区阿拉伯人和信奉伊斯兰教的人的泛称。

波斯帝国则在公元 651 年被征服。不久，战无不胜的阿拉伯帝国军队到达了远至印度及中亚的部分地区，在西面很快占领了北非。公元 711 年，阿拉伯帝国军队又进入了伊比利亚半岛。到公元 8 世纪中期，阿拉伯帝国成为地跨亚、非、欧三大洲的庞大封建军事帝国。阿拉伯帝国先后经历了四大哈里发[①]时期（公元 632～661 年）、倭马亚王朝（公元 661～750 年）和阿拔斯王朝（公元 750～1258 年，中国史书称之为“黑衣大食”）。此外早在阿拔斯王朝创建之初，倭马亚家族的后裔就在欧洲伊比利亚半岛割据独立，建立后倭马亚王朝（公元 756～1236 年，中国史书称之为“白衣大食”），与阿拔斯王朝分庭抗礼。公元 909 年，什叶派在突尼斯建立法蒂玛王朝（公元 909～1171 年），先后征服了阿尔及利亚、叙利亚、古埃及、撒丁岛，公元 973 年迁都开罗，中国史书称之为“绿衣大食”。1171 年，萨拉丁在阿拉伯帝国法蒂玛王朝末代哈里发死后解散了法蒂玛王朝，建立了阿尤布王朝（12～13 世纪）。从 1095 年持续到 1291 年的八次“十字军东征”削弱了伊斯兰世界的经济，妨碍了科学的发展。当伊斯兰世界的中心饱经战火且被十字军占领时，来自东方的蒙古人也蠢蠢欲动。1252 年，成吉思汗之孙旭烈兀奉其兄蒙哥汗之命西征，率领蒙古军队洗劫了波斯、小亚细亚、美索不达米亚和叙利亚，并于 1258 年摧毁了阿拉伯帝国首都巴格达。阿拔斯王朝在西亚地区的统治结束，阿拉伯帝国开始全面衰败。1260 年，旭烈兀攻占叙利亚首府大马士革并建立了伊尔汗国（1256～1335 年）。至 15 世纪，这一地区先后出现了多个政权，其中较大的有帖木儿王朝（1370～1475 年）等。随着君士坦丁堡被征服（1457 年），奥斯曼人取得了君士坦丁堡的控制权。至 16 世纪，伊斯兰世界的科学创造力明显减缓。给伊斯兰文明在世界政治和经济中的主导地位带来严重影响的是 11 世纪下半叶失去了葡萄牙和包括托莱多在内的大部分西班牙地区，直到 1492 年格拉纳达最终陷落。

第二节　中世纪的伊斯兰数学

中世纪的伊斯兰数学指的是公元 8～15 世纪在伊斯兰教及其文化占有主导

① 指穆罕默德去世以后，伊斯兰阿拉伯政权元首的称谓。

地位的地区产生、发展和繁荣起来的数学理论和数学实践。从地理疆域上看，中世纪伊斯兰世界的范围是自伊比利亚半岛，经北非和中东，至亚洲的中部，后者即今天的阿富汗、伊朗及印度的一部分。尽管这一时期的数学著作是由包括波斯语、土耳其语、希伯来语等在内的众多语言写成的，但是绝大多数著作仍采用阿拉伯语书写。正因如此，中世纪伊斯兰数学有时也被称为“阿拉伯的数学”（通常又被简称为“阿拉伯数学”）。这一称谓会给人们一种暗示，即这些数学家绝大多数都是阿拉伯人，事实上他们中的许多人是波斯人、古埃及人、摩洛哥人等，所以“伊斯兰数学”这种说法要更恰当一些。[7]

在推翻倭马亚王朝之后，阿拔斯王朝将首都迁往巴格达，其第二任哈里发曼苏尔（Abū Jafcar al-Manṣūr，公元 754～775 年在位）仿效波斯旧制，建立起了完整的行政体制。在最初的 100 年时间里，特别是第五任哈里发哈伦·拉希德（Harun al-Rashid，公元 786～809 年在位）和第七任哈里发马蒙（al-Māmūn，公元 813～833 年在位）执政时期，是阿拉伯帝国的极盛时期，同时阿拉伯帝国的科学文化事业从此进入了繁荣昌盛阶段。[8]

哈里发哈伦·拉希德在巴格达建立了一座图书馆，并从近东地区各类学术机构收集了大量抄本，这些机构是由那些为躲避古代雅典和亚历山大学术界迫害的学者们建立的。这些抄本中包括许多古希腊科学文献，接下来的工作便是把它们翻译成阿拉伯语。后来的哈里发马蒙创建了一个名为“智慧宫”（House of Wisdom，Bayt al-Ḥikma）的研究所，它一直保存了 200 多年。其间，大批的叙利亚、波斯、美索不达米亚和印度等地的学者被邀请或聚集到这里把大量的文献译成阿拉伯文。在翻译过程中，他们对许多文献重新进行了校订、考证、勘误、增补和注释，其中有欧几里得（Euclid，约公元前 330～前 275 年）、阿基米德（Archimedes，公元前 287～前 212 年）、阿波罗尼乌斯（Apollonius of Perga，约公元前 262～前 190 年）、托勒密（Ptolemy，约公元 90～168 年）、丢番图（Diophantus，约公元 246～330 年）等古希腊著名学者的数学和天文学著作，还有印度数学家和天文学家的著作。随后伊斯兰数学家们在代数学、几何学、三角学等领域做出了重要贡献。在代数学方面，他们首次将代数学作为一门独立的学科，给出了一次、二次方程的一般解法，一般三次方程的几何解法，建立了高次方程的数值解法，系统地讨论了代数多项式理论等；在三角学方面，他们在前人工作的基础上补全了我们今天仍在使用的所有三角函数，建立了它们之间的关系，给出了若干重要三角公式的证明，使三角学开始脱离天文学而成为独立的学科。12～15 世纪，伊斯兰数学传入欧洲，为近代数学的形成打下了坚实的基础。

由上可知，伊斯兰数学家们在代数学领域取得了辉煌的成就。他们首先确立了独立的代数学分支，提出了代数方程的一般性解法，花拉子密就是这一工作的先驱者。

第二章

花拉子密及其著作

第一节　花拉子密的生平

约公元 820 年，花拉子密的著作《还原与对消之书》（简称《代数学》）问世。该书主要包括两大部分：一是代数学理论，二是关于遗产的计算问题。其中，该书第一部分奠定了今天代数学的理论基础，代数学作为独立于几何学的新数学分支首次出现在历史上。花拉子密的后世数学家们在很短的时间内便认识到了其重要性并不断将其发展完善。其直接影响是重构了当时科学[①]的内涵。直到今天，代数学仍然保持着强大的生命力并不断产生新的数学分支。另外，该书用了几乎一半的篇幅来论述遗产、继承等问题，后世的数学家和法官们对此非常关心并在此领域不断探索。下面先介绍一下花拉子密所处时代的社会文化背景。

伊斯兰数学在世界数学史中起着承前启后、继往开来的作用。像花拉子密这样著名的学者，在阿拉伯的历史上也是绝无仅有的。伟大的科学家产生于特定的社会文化背景中。阿拔斯王朝最初的 100 年，即公元 8 世纪中叶到 9 世纪中叶，是阿拉伯帝国的繁荣昌盛时期，封建生产关系确立后，生产力得到较快发展。政府重视水利建设，使肥沃的新月地带、中亚的阿姆河和锡尔河流域、古埃及的尼罗河流域等地区的农业得到恢复和发展。阿拉伯帝国境内的丰富资源和边境贸易为商业的发展创立了条件，阿拉伯商人的足迹遍布亚、非、欧三

---

① 代数学产生之前的传统科学（quadrivium）仅包括算术、几何、天文和音乐。

大洲。巴格达成为著名的世界商业和贸易中心之一。经济的发展促进了科学文化的进步与繁荣。在各民族人民的共同努力下，伊斯兰世界创造出灿烂辉煌的伊斯兰文明，为世界文明的发展做出了伟大贡献，伊斯兰教已成为古埃及、叙利亚、伊拉克、波斯、北非等地大部分居民共同信仰的宗教。生产力的发展不仅为科学文化的繁荣奠定了坚实的物质基础，也提出了许多必须解决的科学技术问题，从而促进了科学文化的发展。

伊斯兰教发源于荒芜的沙漠地带，恶劣的自然条件和被高山封闭的视野使阿拉伯半岛的主要居民贝都因人过着不事农耕、不习航海、逐水草而居的游牧生活。阿拉伯人在面对生存与发展的处境与实际问题时养成了敏锐觉察外部环境变化并据实际条件来调整行为的思维习惯。加之阿拉伯半岛周边优越的文化条件——西边是古埃及，东边是古巴比伦，南部海路又与印度相连，这使阿拉伯帝国在开疆拓土的同时也开阔了阿拉伯人的视野——他们接触到了世界上最先进的文明。面对发达的文明，阿拉伯人没有抹杀、排斥与他们完全相异的世界，而是以积极、开放的态度，采取了最直接、最简洁的吸收先进文化的方式——翻译书籍。

伊斯兰教认为，知识是坚定正确信仰的基础，是走上正确的路径、认识安拉存在和独一的条件。[9]这就意味着，只要伊斯兰教徒勇于求知、努力勤奋，世界就是可知的，这便使科学活动成为必要，使求知活动合乎教法。并且，《古兰经》鼓励伊斯兰教徒探知世界，认为学习知识是伊斯兰教徒的天职，只有科学的研究才能揭示物质世界的本质。[10]伊斯兰教鼓励求知，以世俗行为求证信仰的态度终于在公元 8 世纪后半期得到了回报。科学的领导地位逐渐由欧洲迁移至近东。到 10 世纪，阿拉伯语已被公认为是研究学习的经典语言，这绝不是历史的偶然，是有其内在必然性的。[11]

阿拉伯人征服的叙利亚、古埃及、美索不达米亚、波斯、印度等都是世界上文明发展较早的地区，有着优秀的文化遗产。这些文化遗产大多数被阿拉伯人接受并保存下来。例如，当阿拉伯人征服印度后，就把印度学者请到巴格达传播印度文明。公元 771 年，一位印度学者把印度的天文学名著《婆罗摩修正体系》(*Brāhma sphuṭa-siddhānta*)传入阿拔斯王朝的宫廷中，印度数字及其记数法也随之传入。阿拔斯王朝哈里发曾从拜占庭帝国搜集和购买大量的古希腊文抄本。亚历山大曾是古希腊的学术中心，古埃及被征服后，这里的科学文化也成为伊斯兰科学文化的组成部分。公元 529 年，东罗马帝国皇帝查士丁尼关闭柏拉图学院时，许多学者逃往波斯，在那里保留了古希腊文化。

阿拔斯王朝哈里发马蒙是比较重视科学教育的统治者，是促进科学文化繁荣的典型代表之一。他实行了一系列有利于科学文化发展的措施，主要有：

(1) 他要求臣民接受规定的文化教育标准，注意培养科学人才。

(2) 重视科学，网罗人才。马蒙把一大批中亚学者招进他的“智慧宫”，并为他们进行科学活动创造优越的条件，这其中就包括花拉子密。

(3) 建立学术研究机关。马蒙时期的“智慧宫”是继亚历山大图书馆后世界上最大的学术研究机关。阿拉伯帝国各地的清真寺一般都附设图书馆和学校。

(4) 政府组织人力从事古希腊文化遗产的整理和翻译工作。正是这样，古希腊的古典名著才被阿拉伯人收集和保存下来，后来对欧洲科学和文艺复兴产生了不可估量的影响。

阿拉伯人在继承古代文化遗产的同时，并不拘泥于前人所得的结果，也有不少创造性的成就。例如，哈里发马蒙曾派出一支天文观测队去测量地球子午线一度的长；花拉子密的代数著作把代数学当作一门独立的学科分离出来，传入欧洲后一直到 16 世纪仍然是欧洲大学使用的主要教科书；三角学也从几何学和天文学中分化出来成为独立学科……

公元 8 世纪，阿拉伯帝国的海外贸易已经到达中国。当时广州、扬州、泉州等地都是阿拉伯商人频繁往来的港口，巴格达也有专卖中国货物的市场。中国的造纸术也在这时传入阿拉伯帝国。到公元 10 世纪，纸已完全代替羊皮纸和纸草书。这给伊斯兰文化的保存和传播提供了极为方便的条件。

伊斯兰科学技术史权威赛兹金(Faut Sezgin)总结过一些促使伊斯兰科学文化快速、广泛和完整发展的要素。这些要素并不只在一段时间内有效，而是从最初的发展高潮期从未间断地持续了几个世纪，创造力到 16 世纪才开始衰退。这些要素主要有：

（1）在伊斯兰教创建早期，阿拉伯人处于一种觉醒的状态，对胜利非常自信。与这种状况对应的是他们充满知识上的好奇心并且非常渴望能够获取知识。

（2）这种新的宗教信仰非但没有阻碍科学的发展，反而促进了科学的发展。

（3）倭马亚王朝、阿拔斯王朝和其他政权的政治家多方面地促进了科学的发展。

（4）其他宗教的文化代表，在其家乡被伊斯兰军队征服后，得到了适当的对待与尊重，因此他们接受了新环境。

（5）从公元 7 世纪开始，伊斯兰社会就发展出一种特殊的成果颇丰的老师-门徒关系，这种关系是不为中世纪及以后的西方世界所知的。学生们不只从书本上学习，还能获得老师的直接指导。这种方式促进了学习的过程，并且保证了知识的可靠性。

（6）自然科学和哲学、语言学和文学从一开始就是以一种世俗的方式培养和获取的，并不带有神学目的。对科学的追求不是神职人员的特权，而是对所有职业都开放。因此阿拉伯-伊斯兰地区的传记-书目文献中科学家的姓氏很多都包含裁缝、面包师、木匠或者是钟表制作者等职业的名称。

（7）早在公元 7 世纪，公开授课就在清真寺中出现。到了 8 世纪，著名的哲学家、文学家及历史学家在主要的清真寺中都有专门的位置。我们所见的流传下来的有关论文、讨论方法和惯例的报告证明了这些教学机构的高度学术性。这些清真寺自然而然地发展成为最早的大学。

（8）阿拉伯文的书写简单、迅速，因此使得书籍广泛传播。

（9）发展迅速且完整的语言学为学者们写论文和学习外语提供了稳固的基础。

（10）准确理解和接受了外来术语，并且促使了特有的阿拉伯专门术语的创造。

（11）传统的莎草纸产业在伊斯兰历[①]1 世纪有所扩张，随后生产源自中国并在伊斯兰世界广泛流通的纸张，以及其工厂的出现都支持了书写传统的创新。

---

① 伊斯兰历，又称希吉来历（Hajra），在我国也称回历。

（12）一种更好的书写更持久的墨水在 10 世纪被发明，也起了非常大的作用。这种墨水使得深黑的字迹更加持久不褪色，不会随着时间的推移而变浅或变成棕色。

综上所述，之所以能够在中世纪的阿拉伯地区产生花拉子密这样的伟大科学家绝不是偶然的，这是政治、经济、文化等多方面因素共同作用的结果。

很少有数学家的名字能像花拉子密一样与一门学科（代数学）有如此紧密的联系。因此人们一般会认为应当存在关于此人生平的大量记载，但事实却恰恰相反。尽管花拉子密的名声很大，但关于他的生平信息的记载却是零散和拼凑的。只有 10 世纪的历史学家和数学家们对他的生平有过一些简短的记述。10 世纪的历史学家伊本・安・纳基姆（al-Nadīm，989 年之前）曾给出过花拉子密的简短的生平记录。

> 他的名字是穆罕默德・伊本・穆萨・花拉子密，他来自花剌子模。他在哈里发马蒙的“智慧宫”工作，是一位天文学家。人们在进行天文观测之前和之后都需要借助他编写的两本《系统天文表》（*Zīj al-Sindhind*）。他的著作除了这两本天文表，还有《论日晷》（*The Book on the Sundial*，*Kitāb al-Rukhāma*）、《星盘的使用》（*The Book on the Use of the Astrolabe*，*Kitāb al-Amal bi-al-Asṭurlāb*）、《星盘的构造》（*The Book on the Construction of the Astrolabe*，*Kitāb Amal al-Asṭurlāb*）和《历史》（*The Book on History*，*Kitāb al-Tārīkh*）。[1]

对于他的名字，与其同时代或是后世的历史学家与数学家们对此都持统一观点，即穆罕默德・伊本・穆萨・花拉子密（Muhammad ibn Mūsā al-Khowārizmī）。根据阿拉伯人名字的结构，花拉子密的名字应该简称为第一个单词，即穆罕默德。其中“伊本”是儿子的意思，所以“伊本・穆萨”表明他的父亲叫穆萨。最后一个单词表明他来自花剌子模地区，但是他的父辈们或是更早的祖先何时来到巴格达我们一无所知，只知道他生活在巴格达且没有去过其他地方。

由此可知，他是当时巴格达著名的图书馆、翻译和研究机构——“智慧宫”中的一员。他的同事有天文学家叶海亚・伊本・阿比・曼苏尔（Yaḥyā ibn Abī Manṣūr）和赫贾吉（al-Ḥajjāj），其中后者参与过欧几里得与托勒密的著作的翻译工作。另据比鲁尼（al-Bīrūnī，公元 973～1048 年）记载，花拉子密在此曾参与过哈里发马蒙组织的一些天文观测活动。花拉子密的作品题材非常广泛，包括天文学（天文表和天文仪器）、数学（算术和代数）、年代学、地形学和历史。通过这些可以推测出他所受教育的情况。第一，通过他编著的天文表和天文仪器方面的著作可知他拥有较好的印度、古希腊天文学的教育背景；第二，他在算术方面的著作表明他对印度、阿拉伯和拜占庭算术非常熟悉；第三，他的代数学著作表明他接受过法学方面的教育。这样我们可以确定，花拉子密出生在公元 7 世纪的最后一个十年，并在当时学风极盛的巴格达接受教育，阿拔斯王朝第七任哈里发马蒙执政时期恰好是他的著作高产期，直至第九任哈里发瓦希克（al-Wāthiq，公元 842～847 年在位）去世的 847 年，花拉子密仍在世。

第二节　花拉子密的著作和数学成就

一、花拉子密的著作

根据现有的资料记载，花拉子密共有 12 部著作，其中 6 部为阿拉伯文抄本，3 部为拉丁文译本或改写本保存至今，其余 3 部（中世纪东方学者的著作中摘录过某些内容）现在尚未发现。这些著作的情况现略述如下。

1.《代数学》

该书就是本书后面将要具体介绍的著作。纳基姆给出该书的书名是“还原与对消之书”（Book of Algebra and al-Muqābala，Kitāb al-Jabr wa-al-Muqābala）。之后的多位伊斯兰数学家在提及此书的书名时均与纳基姆的观点相同。同时，该书的现存拉丁文①译者有机会接触到更早的阿拉伯文抄本，也证实了上述书名。

2.《印度算术书》

该书是花拉子密的算术著作，成书于公元 830 年前后。该书的阿拉伯文抄本已经遗失，但在 1140 年前后被盖拉尔多（Gherardo of Cremona，1114～1187 年）或阿德拉德（Adelard，1080～1152 年）译成了拉丁文。该拉丁文译稿在 14 世纪的抄本现收藏于英国剑桥大学图书馆。该书在西方文献中一般被称为《印度算术书》，但其拉丁文译稿的原文中并没有给出书名。“印度算术”（Algoritmi de numero indorum）一名取自拉丁文译稿的第一段，其中“Algoritmi”一词实为花拉子密的拉丁文译名。在拉丁文译稿中，几乎所有的数字都采用的是当时在欧洲广泛流行的罗马数字。可见，欧洲人在 14 世纪以后才接受印度数字。同时也说明，在最初的传播中，起实质性影响的是十进位值制系统而非数字符号。

1857 年，意大利数学家邦孔帕尼（Baldassarre Boncompagni，1821～1894 年）出版了上述抄本；1963 年，德国数学史家沃格尔（K. Vogel）出版了其拉丁文英译版；后来苏联数学史家科佩列维奇将其译为俄文出版，同时尤什科维奇与罗森菲尔德为其作注，另尤什科维奇还撰写了论文，深入研究了其内容；杜瑞芝于 1988 年将尤什科维奇的论文译为中文，连载在《科学史译丛》上。[12]

事实上，若想真正了解这本书的内容，除了上述拉丁文算术著作，还应参考后世伊斯兰数学家们的相关算术著作。这些数学家包括乌格里迪西（al-Uqlīdisī，10 世纪中叶）、伊本·拉班（Kūshyār ibn Labbān，10 世纪下半叶）、巴格达第（Abd al-Qāhir al-Baghdādī，卒于 1037 年）、纳萨维（al-Nasawī）和萨马瓦尔（al-Samawal，1125～1174 年）。最早算术是在铺有一层细沙的板上进行操作的，九个数字每个都用一个符号表示。在具体的操作中，需要在每步运算中写入并擦去某些中间过程的结果。从乌格里迪西时代开始，土板算术逐渐被纸张算术取代。在伊斯兰世界，关于印度算术的著作通常是按照相同的体例编写

① 《代数学》现存在阿拉伯文和拉丁文抄本。尽管拉丁文抄本是译自阿拉伯文，但是这个翻译的底本年代应该更早一些。

的：首先介绍九个数字的书写方式，然后是十进位值制，接下来是零，数字的加倍、加法、减半、减法、乘法、除法、平方和求平方根运算。此外，花拉子密在这本书中还给出了分数和求一个无理根的近似算法。

3.《加减法之书》

该书的阿拉伯文抄本和拉丁文译本均已遗失。拉丁文译者给出的标题是 al-Jam wa-al-Tafrīq，Liber Augmenti et Diminutionis。伊斯兰数学家巴格达第提到过该书并对此进行了证实。从他那里我们可以对该书的主要内容进行大致了解。首先是数字的加法和乘法，随后是减法和除法，接下来是对一次、二次整式的加法、减法、乘法和除法，求算术数列之和，最后是税收和交换问题。可以推断，该书涉及的算术问题和算法在当时的近东地区有一定的流传广度。

4.《地球外貌之书》

该书是花拉子密的地理学著作，其阿拉伯文抄本保存在斯特拉斯堡手稿库中。由于该书提到哈里发穆塔西姆（阿拔斯王朝第八任哈里发，公元 833～842 年在位）于公元 836 年建造伊朗的萨马拉城一事，因此该书应该成书于那时之后。

5.《系统天文表》

该书是花拉子密的天文学著作，保存到现在的是马热里特的改写本。牛津的波德策图书馆、法国国家图书馆和剑桥大学图书馆都藏有该书的抄本，它成书于《印度算术书》之后。

6.《星盘的功能》

该书以无标题论文的形式收藏在柏林普鲁士图书馆中。

7.《星盘的构造》

该书没有保存下来，只有某些片断存在于一些历史学家的著作中。

8.《利用星盘定方向》

该书抄本保存在伊斯坦布尔的阿伊·索菲亚图书馆中。

9.《论日晷》

该书以无标题论文的形式保存在伊斯坦布尔的阿伊·索菲亚图书馆中。

10.《论犹太人历法及其节日推算》

该书的阿拉伯文抄本保存在印度巴特那的邦基普乐图书馆，于公元 823 年成书。

11.《历史》

该书没有完整保存下来，只有某些片断存在于一些历史学家的著作中。

12.《四大科》

该书以改写本的形式保存下来。

二、花拉子密的数学成就

花拉子密在许多领域都有较深造诣，但本书仅关注其在数学领域的影响，其主要数学成就如下。

（1）今天的“代数”一词源于阿拉伯语“还原”（al-jabr），最早可以追溯到花拉子密的《还原与对消之书》。在该书中他将“还原”定义为这样一种运算，即将方程一侧的一个减去的量移到方程的另一侧变为加上的量，如 $5x+1=2-3x$ 变为 $8x+1=2$ 就是一个“还原”过程；单词“wa”是“和”的意思；“al-muqābala”的意思是将方程两侧相等的同类正项消去，此处译为“对消”，如 $8x+1=2$ 化为 $8x=1$ 就是一个“对消”过程。后来的伊斯兰数学家通常用“还原”（al-jabr）一词来代替整个还原与对消算法，并逐渐用来表示一个数学分支，最终其演变为今天的“代数”（algebra）一词。伊斯兰代数学后来传至欧洲，为近现代数学的产生和发展奠定了基础。西方代数学至迟到清初已由传教士传入我国，起初被译为“阿尔热巴拉”、“阿尔朱巴尔”、“阿尔热巴达”和“阿尔热巴喇”等。关于上述中文译名，晚清《中西闻见录》有如下记载：

> 亚喇伯国算学书，有名曰阿喇热巴尔爱阿喇莫加巴喇者，考其立名之意，即补足法，亦相消法[阿喇者，其也，热巴尔者，能也，分数变为整数之算法也，莫加巴喇相对也，相比也，相等也，即互相调换意也]。历年既多，取其补足相消意，仅呼为阿尔热巴喇。

1847 年，英国人伟烈亚力（Alexander Wylie，1815～1887 年）到上海来学习中文。他用中文编写了《数学启蒙》（1853 年）一书，介绍西方数学。他在序中说："有代数、微分诸书在……"这是第一次使用中文"代数"一词作为数学分支的名称。随后，我国清代数学家李善兰和伟烈亚力于 1859 年翻译英国人德摩根（Augustus De Mogan，1806～1871 年）的 *Elements of Algebra* 时把该书命名为"代数学"。这是我国第一本以"代数学"命名的书，这个名词一直沿用至今。[13]

（2）在花拉子密的代数著作《代数学》中第一次把未知数叫作"根"（jidr），即树根、基础或事物根本的意思。后来译成拉丁文是 *radix*。这个单词有两重含义：一是指方程的根，二是指一个数的方根。此后一直沿用至今。

（3）花拉子密的"还原"与"对消"方法作为代数学的基本特征，被长期保留下来。他的工作为代数学提供了新的研究方向，并使代数学从几何学中分化出来成为一门独立的学科。如果把丢番图的《算术》（*Arithmetica*）看作是算术向代数的过渡的话，那么花拉子密的《代数学》则标志着代数学的诞生。《代数学》在 1140 年被盖拉尔多译成拉丁文，作为标准的数学课本在欧洲使用了数百年，并最终引导了 16 世纪意大利代数方程求解方向的突破。[14]他在《代数学》中给出了一元二次方程的六种分类，穷尽了有正根的二次方程的所有可能。花拉子密的阐述系统而全面，使得读者较容易掌握这些方法。从这个意义上，著名数学史学家鲍耶（C. B. Boyer）将其称为"代数学之父"。[15]

（4）花拉子密的《印度算术书》也是数学史上一本极具价值的专著。花拉子密在该书中系统地介绍了十进位值制记数法，以及相应的计算方法。尽管印度数字和记数法在公元 8 世纪已随印度天文学著作传入伊斯兰世界，但并未引起人们的广泛注意。正是花拉子密的这本书促成了印度数字和十进制记数法在伊斯兰世界的流行。12 世纪初，欧洲人开始把大量的伊斯兰数学书籍翻译成拉丁文，阿拉伯数字也就通过这些著作传到了欧洲，并成为世界上普遍采用的记数系统。因此欧洲人一直称这种数字为"阿拉伯数字"。

（5）公元 12 世纪生活在茨维拉的伊安在《花拉子密的算术运算概要》（*Liber Algorismi de Pratica Arismetrice*）一书中将花拉子密的名字译为 Algorismi；而生

活在同一时代的阿德拉德在《花拉子密的天文艺术入门》（*Liber Ysagogarum Alchorismi in Artem Astronomicam A Magistro A Compositus*）一书中则采用 Alchorismi 的写法。公元 1857 年，邦孔帕尼在《花拉子密的印度算术书》中两次将花拉子密的名字写成 Algoritmi，一次写成 Algorizmi，在剑桥图书馆的拉丁译本中被翻译为 Algorizmi。花拉子密的拉丁文译名后来逐渐演变为 algorism 和 algorithm 这两个单词。前一个单词是“阿拉伯数字”，后一个单词成为数学中的专有名词“算法”，即解决某种问题的特定计算步骤。

（6）花拉子密在地理著作《地球外貌之书》中引入术语“泰拉桑型”“哥尔士克型”“沙布拉型”和“塔斯尼姆型”，用于研究海岸线的形状。这对几何学史具有相当重要的意义。他用自己的分类法比别人更早地研究了各类曲线，欧洲学者直到微积分创立后才开始这种研究。[16]

第三节 《代数学》的版本流传

《代数学》成书于公元 820 年前后。据拉希德考证，现存共有七个《代数学》的阿拉伯文抄本，其中有两个抄本位于阿富汗喀布尔。由于政治和战争，他不可能获得其影印图片并做进一步的研究。剩余的五个抄本有一个共同点，就是抄写的时间均相对较晚，其中最早的抄本完成于 1222 年，大约比花拉子密的原著晚 4 个世纪。一本被公认为奠定了代数学理论基础的著作为什么仅存几本较晚的抄本？可能的原因是继花拉子密之后，代数学迅速发展以至于大量的新的代数学著作不断涌现而掩盖了前者的光辉。剩余五个阿拉伯文抄本分别是[17]：

（1）Oxford，Bod.，Hunt 214，fols. 1-34 （1342）；

（2）Berlin，Landberg 199，fols. 60-95；

（3）Medina，Arīf Ḥikmat，6-jabr，fols. 1-31 （1222）；

（4）Medina，Arīf Ḥikmat，4-jabr，fols. 1-61（1767）；

（5）Teheran，Malik 3418，fols. 16-23。

1831 年，德国东方学家罗森（Friedrich August Rosen，1805～1837 年）将该书抄本（1）译成了英文并加注释在伦敦出版。[1]他在出版时附录了印刷体阿拉伯原文，书名为“穆罕默德·伊本·穆萨的代数学”（The Algebra of Mohammed Ben Musa），该书于 1969 年后多次重印。

在科学史上，西班牙托莱多（Toledo）地区是从 12 世纪开始的将阿拉伯文文献翻译为拉丁文文献的宏大翻译运动的主要发源地。这座由阿拉伯人于公元 711 年征服的城市，随着时间的推移发展成为一个高层次的科学中心。这里有伟大的图书馆，还形成了伊斯兰教徒、基督教徒和犹太人之间融洽合作的学术气氛。1085 年，这里转由西班牙统治，成为全欧洲传授伊斯兰科学的园地。《代数学》一书除了阿拉伯文抄本外，还有几个拉丁文译本，如 1145 年由切斯特的罗伯特（Robert）译成的译名为“Liber algebrae et almucabala”的版本。罗伯特是一位在 1141～1147 年左右居住在西班牙的英格兰人，他成为第一位把代数学术语及相关的数学运算过程引入西方世界的人。此外他还与同胞达尔马提亚的赫曼（Hermannus Dalmata 或 Hermann of Carinthia）合作，首次把《古兰经》翻译成拉丁文。1915 年，美国数学史家卡平斯基（Louis Clarles Karpinski，1878～1956 年）将这个拉丁文译稿（分别收藏于哥伦比亚大学图书馆、奥地利国家图书馆和德雷斯顿萨克森州立图书馆）译成了英文。还有一种拉丁文译本是 12 世纪由克罗蒙纳的盖拉尔多完成的。盖拉尔多出生于意大利，随后迁往托莱多，直至去世都在那里活动。1838 年由利布里（G. Libri，1803～1869 年）将这个拉丁文译稿出版，载于《意大利数理科学史》中。12 世纪，生活在茨维拉的伊安在其所著的《花拉子密的算术运算概要》一书中也抄录了该拉丁文译稿的部分内容，这本书后来由意大利数学史家邦孔帕尼出版，这也可以说是盖拉尔多的译本。[18]

另外优·卢什卡（J. Ruska）把阿拉伯文抄本译成了德文、玛日（A. Marr）将其译成了法文、赫·赫德焦（H. Hedivjam）将其译成了波斯文、库佩里维奇（Yu. H. Kopeleviq）与罗森费尔德（B. A. Rosenfeld）将其译成了俄文。随后，拉希德又完成了一个新的法文译本，该译本 2009 年被译为英文出版[17]。在这两本书中，拉希德利用上述现存的 5 个阿拉伯文抄本和盖拉尔多的拉丁文译本复原了花拉子密《代数学》的阿拉伯文内容，并分别进行了法阿、英阿对照互译。用较晚的抄本还原一个高质量的原始版本最大的问题是真实性，拉希德认为有两个重要的条件可以保证这一点。第一，花拉子密的后世数学家阿布·卡米尔（Abū Kāmil，约 850～930 年）在其代数学著作中大量引用了前者书中的内容，如卡米尔给出的六道二次方程问题，其顺序及方程系数与花拉子密所给的完全相同。另一个有利的条件是盖拉尔多将该书的部分内容译为拉丁文（*Liber Maumeti filii Moysi Alchoarismi de algebra et almuchabala*）时，至少接触过两个阿拉伯文抄本，其中最晚的抄本不迟于 11 世纪，比现存最早的阿拉伯文抄本还要早。通过比对可以推断这些现存阿文抄本在内容和结构上是真实的。笔者认为，拉希德的上述两个英法译本中的阿拉伯文部分目前最接近花拉子密的手稿，笔者在本书附录部分给出的中译部分就是基于此。

第四节　《代数学》的主要内容

《代数学》一书按照内容可以分为五部分。第一部分是一个简短的介绍。第二部分建立了基本代数运算法则和一元二次方程理论（48 道例题，6 幅配图）。第三部分用简短的篇幅介绍了两道关于三率法的商贸问题。第四部分用简短的篇幅介绍了几何度量问题（14 道例题，12 幅配图）。以上内容约占全书篇幅的一半。第五部分是关于遗嘱和继承的问题（复杂的一元一次方程和多元一次方程组，58 道例题），约占全书篇幅的一半。

《代数学》是在哈里发马蒙的倡导和鼓励下写成的。在序言中，花拉子密解释了他写这本书的原因：

> 马蒙对学者们友善谦逊，广施恩庇，并支持他们阐明先人著作中的微言大义，勘正舛误——所有这些激励我创作了一部关于还原与对消计算的短篇论著。其内容仅限于算术中最简单、最有用的部分。这些内容人们在

日常事务的处理中经常会用到，如财产继承、遗产分配、法律诉讼、商品贸易，或者丈量土地、开挖沟渠、几何计算。凡此种种，不一而足。著书的目的出于善意，我希望能够得到学者们的鼓励。[17]

随后花拉子密在第一章“还原与对消”的开始部分这样叙述道：

在这三种类型的数字中，其中（任）一种可以等于另一种，如平方等于根、平方等于数或者根等于数。①[17]

这里所说的三类数，即一元二次方程的一次项、二次项及常数项。接下来，花拉子密用这三类数组合成一元一次方程和一元二次方程的六种标准类型。

（1）平方等于根：$ax^2 = bx$；

（2）平方等于数：$ax^2 = c$；

（3）根等于数：$bx = c$；

（4）平方与根之和等于数：$ax^2 + bx = c$；

（5）平方与数之和等于根：$ax^2 + c = bx$；

（6）根与数之和等于平方：$ax^2 = bx + c$。

以上a，b，$c > 0$。

其中，前三种方程称为“简单方程”，后三种方程称为“复合方程”。显然上述六种标准方程不同于今天一元二次方程的标准形式[$ax^2 + bx + c = 0(a \neq 0)$]。这是由于花拉子密在构造方程时只考虑了有正根的方程，这样通过还原与对消得到的标准形式的方程必然表现为一些正项之和等于另外一些正项之和，也就不难得出上面的六种标准形式方程。换言之，在保证方程存在正根的前提下，花拉子密的六种方程与今天的一元二次方程的标准形式是等价的。对于前三种类型方程的解法，花拉子密的叙述直截了当。例如，在处理第一种“平方等于根”的问题时，他举了三个例子，其中的一个为一倍平方等于其根的五倍。这个平方的根是五，且平方是二十五，恰好等于根的五倍。三道例题及其答案用现代数

① $ax^2 = bx$，$ax^2 = c$，$bx = c$。

学语言表述为：

$$x^2 = 5x \longrightarrow x = 5, x^2 = 25;$$

$$\frac{1}{3}x^2 = 4x \longrightarrow x = 12, x^2 = 144;$$

$$5x^2 = 10x \longrightarrow x = 2, x^2 = 4。$$

对于第二种平方等于数的类型，三道例题及其答案用现代数学语言表述为：

$$x^2 = 9 \longrightarrow x = 3;$$

$$5x^2 = 80 \longrightarrow x = 4, x^2 = 16;$$

$$\frac{1}{2}x^2 = 18 \longrightarrow x = 6, x^2 = 36。$$

对于第三种根等于数的类型，三道例题及其答案用现代数学语言表述为：

$$x = 3 \longrightarrow x^2 = 9;$$

$$4x = 20 \longrightarrow x = 5, x^2 = 25;$$

$$\frac{1}{2}x = 10 \longrightarrow x = 20, x^2 = 400。$$

对于第四种平方与根之和等于数的类型，三道例题及其答案用现代数学语言表述为：

$$x^2 + 10x = 39 \longrightarrow x = 3, x^2 = 9;$$

$$2x^2 + 10x = 48 \longrightarrow x = 3, x^2 = 9;$$

$$\frac{1}{2}x^2 + 5x = 28 \longrightarrow x = 4, x^2 = 16。$$

此处以第四种类型的第一道题为例，来看一下花拉子密的解题过程：

> 至于平方加上根等于数的情况，如平方加上根的十倍等于三十九，其意思是将一倍平方加上等于其十倍根（的量）所得之和为三十九。
>
> 解题过程：将根的数①取半，在本题中其为五；将其自乘，得到二十五；将其加上三十九，得到六十四；取其根，得到八，从其中减去根的数的二分之一，即五，则剩余三，此即为要求的根，且平方为九。②[17]

---

① 此处将原文“根”译为“根的数”，其相当于一次项系数。

② 此例题相当于：$x^2 + 10x = 39 \longrightarrow (x+5)^2 = x^2 + 10x + 25 = 39 + 25 = 64 \longrightarrow x + 5 = 8 \longrightarrow x = 3$，$x^2 = 9$，其中仅考虑方程的正根。

即对于 $x^2+10x=39$，有 $x=\sqrt{\left(\frac{10}{2}\right)^2+39}-\frac{10}{2}=3$。

对于第五种平方与数之和等于根的类型，一道例题及其答案用现代数学语言表述为：

$$x^2+21=10x \longrightarrow x=5\pm 2。$$

对于第六种根与数之和等于平方的类型，一道例题及其答案用现代数学语言表述为：

$$3x+4=x^2 \longrightarrow x=4，x^2=16。$$

对于第四～第六种类型的二次方程，花拉子密在推导其求根公式之前首先将其二次项系数化为 1，即把所有项的系数均除以二次项系数，然后用文字语言详尽阐明其求根公式，相当于：

$$x^2+bx=c，x=-\frac{b}{2}+\sqrt{\left(\frac{b}{2}\right)^2+c}；$$

$$x^2+c=bx，x=\frac{b}{2}\pm\sqrt{\left(\frac{b}{2}\right)^2-c}；$$

$$x^2=bx+c，x=\frac{b}{2}+\sqrt{\left(\frac{b}{2}\right)^2+c}。$$

接下来花拉子密说：

> 这就是我在本书第一部分提到的六种类型（的方程）。我已经完整地解释过了，并且指出其中有三种类型（的方程在求解时）不需要取根的数的二分之一，且我已经介绍了它们必要的解题过程。
>
> 至于剩余三种类型（方程）的解题过程，则需要取根的数的二分之一，我已经描述了其正确的解题过程，且（在下文）为每个解题过程绘制了一幅图以解释取其二分之一的原因。[17]

在接下来的部分，对于上述六种方程的后三种类型，花拉子密使用了四个直观的几何模型说明了其对应公式解的意义。

第一，对于第四种类型（形如 $ax^2+bx=c$，a，b，$c>0$），花拉子密仍然列举了前面的例题：平方与根的十倍之和等于三十九。如果未知数设为 x，相当于求解方

程 $x^2+10x=39$。花拉子密运用两种不同的思路，给出了其求根公式的几何解释。

法一：首先把 x^2 看作边长为 x 的正方形面积。然后把 $10x$ 四等分，每份为 $\frac{5}{2}x$，可以看作边长分别为 $\frac{5}{2}$ 和 x 的矩形的面积，放置在边长为 x 的正方形四周。这时容易发现，如果在四个角上分别补上边长为 $\frac{5}{2}$ 的小正方形，则整体又构成了一个边长为 $(x+5)$ 的大正方形，它面积为 $39+\left(\frac{5}{2}\right)^2\times 4$，如图 2-1 所示。

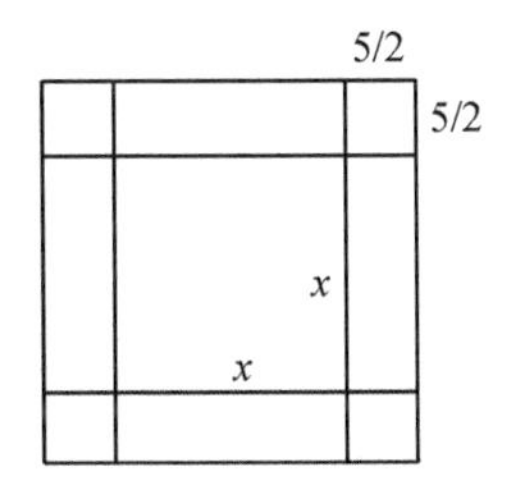

图 2-1　《代数学》中求解二次方程类型四法一图示

按照上面的思路，此方程的解推导如下：

$$x^2+4\times\left(\frac{5}{2}x\right)+\left(\frac{5}{2}\right)^2\times 4=39+\left(\frac{5}{2}\right)^2\times 4$$

$$\longrightarrow (x+5)^2=39+\left(\frac{10}{2}\right)^2$$

$$\longrightarrow x=\sqrt{39+\left(\frac{10}{2}\right)^2}-\frac{10}{2}。$$

法二：与法一类似，首先把 x^2 看作边长为 x 的正方形面积。然后把 $10x$ 二等分，每份为 $5x$，可以看作边长分别为 5 和 x 的矩形的面积，放置在边长为 x 的正方形的两条邻边的外侧。这时很容易发现，如果再补上边长为 5 的小正方形，则整体又构成了一个边长为（$x+5$）的大正方形，其面积等于 $39+5^2$，如图 2-2 所示。

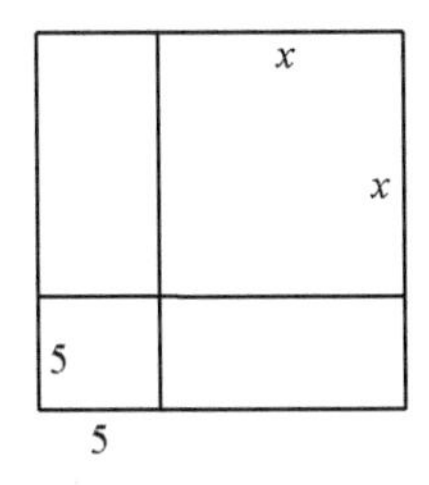

图 2-2　《代数学》中求解二次方程类型四法二图示

按照上面的思路，此方程的解推导如下：

$$x^2+2\times(5x)+5^2=39+5^2$$

$$\longrightarrow(x+5)^2=39+\left(\frac{10}{2}\right)^2$$

$$\longrightarrow x=\sqrt{39+\left(\frac{10}{2}\right)^2}-\frac{10}{2}。$$

第二，对于第五种类型（形如$ax^2+c=bx$，a，b，$c>0$），花拉子密所给例题为平方加上 21 等于根的 10 倍，用现代符号表示为$x^2+21=10x$。

形如$ax^2+c=bx$（a，b，$c>0$）的一元二次方程是《代数学》六种方程中唯一可能有两个正根的一元二次方程。花拉子密对于$x^2+21=10x$分别给出了两个求根公式，但只给出了一个根的几何解释（图 2-3）。

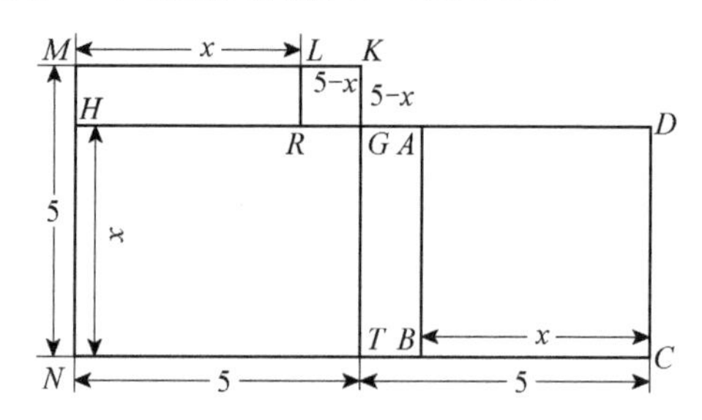

图 2-3　《代数学》中求解二次方程类型五图示

若$0<x<5$，图中正方形$ABCD$的面积为x^2，矩形$ABNH$的面积为 21，矩形$DCNH$的面积为$10x$，$CN=DH=10$。花拉子密将CN、DH分别平分，相当于把根的数 10 平分，其中点分别为T、G。然后将矩形$ABTG$移至矩形$HMLR$的位置上。此时有$S_{MKTN}-S_{ABNH}=S_{LKGR}$，即$\left(\frac{10}{2}\right)^2-21=\left(\frac{10}{2}-x\right)^2$，所以$x=\frac{10}{2}-\sqrt{\left(\frac{10}{2}\right)^2-21}$，相当于$x^2+c=bx$（$b$，$c>0$）的第一个根为$x=\frac{b}{2}-\sqrt{\left(\frac{b}{2}\right)^2-c}$。

对于第二个根$x=\frac{b}{2}+\sqrt{\left(\frac{b}{2}\right)^2-c}$，花拉子密只用文字进行了说明，并没有给出几何解释。但是与花拉子密同时代的伊斯兰数学家伊本·吐克（Abd al-Hamid ibn Wasi ibn Turk al-Jili，公元 9 世纪）在其残存的代数著作中给了第二个根的几何解释[19]，如图 2-4 所示。

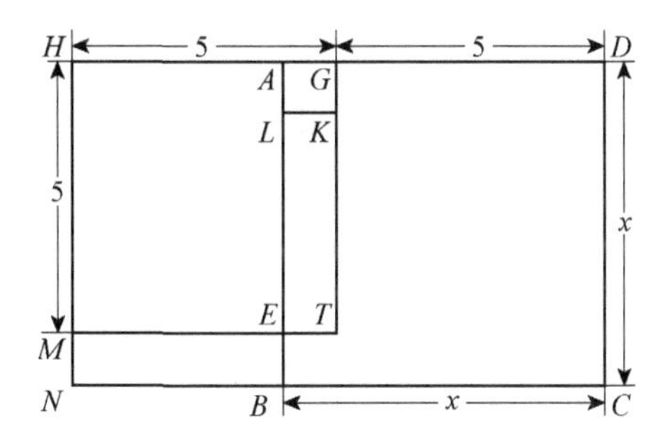

图 2-4　伊本·吐克求解方程 $x^2+c=bx$ ，$x=\frac{b}{2}+\sqrt{\left(\frac{b}{2}\right)^2-c}$ 图示

伊本·吐克所给例题与花拉子密相同，即为 $x^2+21=10x$ 。若 $x>5$ ，图中正方形 $ABCD$ 的面积为 x^2 ，矩形 $ABNH$ 的面积为 21，矩形 $DCNH$ 的面积为 $10x$，$DH=CN=10$ 。伊本·吐克将 DH 平分，相当于把根的数 10 平分，其中点为 G 。然后将矩形 $BEMN$ 移到矩形 $ETKL$ 的位置上。此时有 $S_{HMTG}-S_{ABNH}=S_{ALKG}$，即 $\left(\frac{10}{2}\right)^2-21=\left(x-\frac{10}{2}\right)^2$ ，所以 $x=\frac{10}{2}+\sqrt{\left(\frac{10}{2}\right)^2-21}$ ，相当于 $x^2+c=bx(b,\ c>0)$ 的第二个根为 $x=\frac{b}{2}+\sqrt{\left(\frac{b}{2}\right)^2-c}$ 。此外伊本·吐克还讨论了 $\left(\frac{b}{2}\right)^2=c$ 的情况，他举出的例题为 $x^2+25=10x$ ，其几何解释则是简单地由分成两个相同的正方形所组成的矩形；对于 $\left(\frac{b}{2}\right)^2<c$ 的情况，它给出的例题为 $x^2+30=10x$ ，无论通过哪种图形都不可能用面积较小的正方形去减面积较大的矩形，所以此时方程无解。

第三，对于第六种类型（形如 $ax^2=bx+c,\ a,\ b,\ c>0$ ），花拉子密列举了一道例题：根的三倍与简单数四的和等于一倍平方，用现代符号表示为 $x^2=3x+4$ 。

如图 2-5 所示，首先把 x^2 看作边长为 x 的正方形 $ABCD$ 的面积，RH 将其分为面积为 $3x$ 的矩形 $RCDH$ 和面积为 4 的矩形 $ABRH$。取 HD 中点 G，相当于取根的数的二分之一，构造边长为 $\frac{3}{2}$ 的正方形 $HGTK$，延长 GT 到 L，使 $TL=AH$，

则有正方形 $AMLG$。此时有 $S_{ABRH}+S_{HKTG}=S_{AMLG}$，即 $\left(\frac{3}{2}\right)^2+4=\left(x-\frac{3}{2}\right)^2$，所以 $x=\sqrt{\left(\frac{3}{2}\right)^2+4}+\frac{3}{2}=\sqrt{2\frac{1}{4}+4}+1\frac{1}{2}=4$，相当于 $x^2=bx+c$（b，$c>0$）的解为 $x=\frac{b}{2}+\sqrt{\left(\frac{b}{2}\right)^2+c}$。

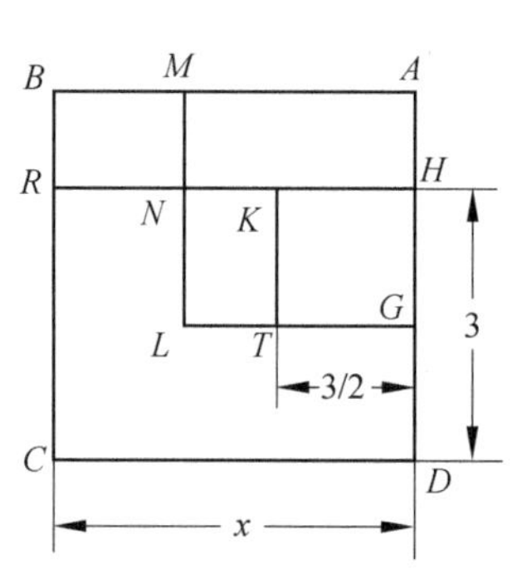

图 2-5　《代数学》中求解二次方程类型六图示

上述利用几何模型来说明二次方程求根公式的过程中并没有体现出任何演绎形式，几何模型只是作为代数学的附庸，为代数方程服务。对于符合上面六种类型的一元二次方程可以直接代入公式运算，但对于数量关系及形式复杂的一元二次方程，花拉子密在随后的部分给出了解答。接下来他给出了二次项、一次项、常数项及它们组成的多项式之间的加减乘除运算法则，然后通过还原与对消把任意形式的二次方程化为六种基本形式之一，再套用公式进行求解。以上便是《代数学》中有关方程理论的主要内容，剩余的内容在后面的相关章节中再分别进行介绍。

第三章

《代数学》代数思想探源

第一节　古代代数思想源流

我们是否可以把花拉子密的《代数学》视为代数学的开端，也就是说在此之前没有代数学的任何信息呢？如果历史学家们仅仅以花拉子密在其书中使用的运算技巧为线索对其进行溯源，便可以发现早期数学文明中相同的代数学运算技巧无处不在，如古埃及、古巴比伦、古希腊、印度或是其他地区。同时有两个事实不容我们忽视。第一，我们不应再考虑古埃及和古巴比伦数学中的相似内容，生活在公元 8 世纪巴格达的花拉子密对它们几乎一无所知。目前没有研究表明有任何古埃及或古巴比伦文献直接或间接地传至花拉子密手中。虽然在同一地区，但由于早期文字已经消失，不能保证早期数学文明具有连续性的传递。当然我们也可以想象某些数学问题和运算技巧可能通过口口相传的形式保留下来，但是对于复杂而成熟的数学文明而言，这种假设十分脆弱。第二，比起印度数学，花拉子密对古希腊数学知识了解得较少。同时与欧几里得《几何原本》和丢番图《算术》相比，花拉子密在运算技巧上仅仅处于初级水平，但其所表现出来的方程理论和强大的生命力却是开创性的。

拉希德认为无法通过早期数学文明中的相似算法对代数学的“起源”做进一步研究。但是由于花拉子密在其书中使用的是阿拉伯文，所以有必要对书中的语言进行考查。这样就可以推断出他阅读过哪些书，哪些著作影响了其知识概念的形成。但事实上，除了花拉子密的《代数学》，并没有其他公元 8 世纪的伊斯兰数学文献保存至今。仔细阅读《代数学》这本书可以发现，其行文明显不同于其他译著，数学内容的写作风格也没有找到可以明显辨析的古希腊、波斯和印度的语法特点。这说明《代数学》的原本就是阿拉伯文而并非其他语言的译本。该书的序言部分包含了他对哈里发马蒙的态度并且解释了他写作的目的。这一部分写得相当有文采，丰富的语言词汇表现出他深厚的文化底蕴。接下来是代数运算的基本法则和一次方程、二次方程的理论部分，此处词汇的使用与序言部分截然不同，其中包括基本的数量、未知量、分数、相等、平方、加减乘除运算，以及还原与对消运算等词汇的定义。花拉子密在此处仅仅是将一些日常出现的词汇保持原意，或者赋予其新的固定含义。在接下来有关几何度量的问题中，其用词源于刚刚翻译不久的欧几里得的《几何原本》。最后是关于遗嘱与继承问题，此处的词汇涉及代数、算术和法律。拉希德认为，花拉子密《代数学》中丰富的词汇来自公元 8 世纪的语言学家、算术学者、法官，同样还有欧几里得《几何原本》的译本。尽管这些词汇为我们提供了新的研究路径，但是要通过它们来进一步探究花拉子密代数学的思想来源仍然是十分困难的。[17]

探明科学的多元化来源、恢复历史的本来面目、古为今用、促进科学的共同繁荣与真正进步，是数学史研究的一个重要目的。因为伊斯兰数学的多元化思想渊源及其对欧洲数学发展的巨大影响，同时也由于花拉子密是阿拉伯帝国早期最伟大、最具代表性的数学家之一，而《代数学》又是他的代表作，因此深入探究《代数学》的思想渊源，不仅可以打破西方学者一贯奉行的“西方中心论”思想，并对他们对大量的东方元素视而不见或轻描淡写的行为做出有力回应，同时对揭示东方数学对世界数学发展的主流影响具有重要的意义。目前，《代数学》的思想渊源问题在数学史界仍然存在分歧，本书将《代数学》的主要方程思想及相关运算技巧与之前不同时期、不同文明的相关著作内容进行了对比，对于重新认识和评价各个数学文明的成就是有积极作用的。

历史学家往往把兴起于古埃及、美索不达米亚、中国和印度等地域的古代文明称为“河谷文明”。早期数学就是在尼罗河、底格里斯河和幼发拉底河、黄河和长江、印度河和恒河等河谷地带先后发展起来的。从可以考证的史料看，古埃及与美索不达米亚的数学的年代更久远。而在早期人类文明中，美索不达米亚数学首次涉及了二次方程知识。[20]早在公元前 4000 年，两河流域就出现了城邦国家。这片四面开放的新月沃土，长期成为不同民族称雄争霸的战场，先后有阿卡德人、阿摩利人、加喜特人、依兰人、赫梯人、亚述人、迦勒底人和波斯人等登上了统治舞台。然而在这错综复杂的各族战乱中，却维系着高度统一的文化，史称“美索不达米亚文明”。

大约在公元前 1700 年，汉谟拉比（Hammurapi）征服了整个两河流域，并在古巴比伦城创建了闻名于世的古巴比伦文明。①这时使用的是楔形文字，书写时是用一支尖笔在泥板上完成的，且保存时间很长。这些泥板直到 19 世纪才被发现。在过去 150 年中，人们发掘出了约 50 万块泥板，其中一些泥板上记录了我们要研究的数学问题。这种楔形文字属于音节文字，在当地使用了很长时间，后来在古希腊人的统治下失传了。已经出土的楔形文字泥板大部分来自汉谟拉比时期。[21]

求解二次代数方程的问题可以追溯到这个时期。许多古巴比伦泥板上列有大量的代数方程，古巴比伦书记员的做法是一步一步用文字语言说明其求根的过程，但对这些算法的来源没有解释说明。

通过研究不难发现，古巴比伦代数与几何之间存在着联系。这种联系主要表现在许多代数方程出自几何问题。因此他们在处理代数方程时广泛使用几何语言，且在数与几何量之间不做明确区分。古巴比伦的书记员都是用文字语言来叙述这些问题的，没有图形的说明。然而没有任何证据可以说明古巴比伦求解代数方程的算法本身依赖于几何方法，古巴比伦的代数可以说是算法化的代数。下面我们以两道题为例来看一下他们的解法。

在古巴比伦泥板 BM13901 上有一个问题：

一个正方形的面积与它的一条边的 $\frac{4}{3}$ 之和为 $\frac{11}{12}$，求其边长。[22]

用现代代数符号表示，设正方形边长为 x，即为解方程 $x^2+\frac{4}{3}x=\frac{11}{12}$。为了

① 美索不达米亚文明往往被称为“古巴比伦文明”，这一称呼并不准确，因为古巴比伦城最初不是，最后也不总是两河流域文化的中心。

求解，古巴比伦书记员告诉我们取$\frac{4}{3}$的二分之一，即$\frac{2}{3}$，再取其平方，即$\frac{4}{9}$，然后将这个结果加到$\frac{11}{12}$上去，得$\frac{49}{36}$，这个值是$\frac{7}{6}$的平方，从$\frac{7}{6}$中减去$\frac{2}{3}$得$\frac{1}{2}$。这就是所求的边长。即方程$x^2+bx=c$的解为$x=\sqrt{\left(\frac{b}{2}\right)^2+c}-\frac{b}{2}$。尽管没有图形的说明，但是古巴比伦书记员的解释却在提示我们，对于这样一个问题可以将其视为一个边长为x的正方形，与一个长为x、宽为$\frac{4}{3}$的矩形拼接在一起所组成的新矩形的面积为$\frac{11}{12}$，首先将其中的小矩形平分为两个矩形，将外侧的部分拼接到正方形的邻边上，如图 3-1 所示。

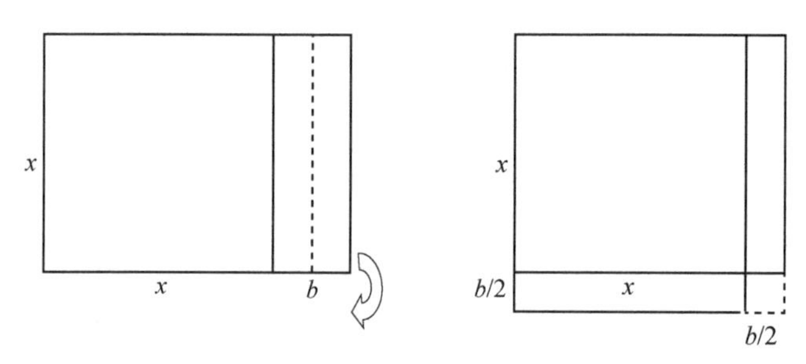

图 3-1　古巴比伦泥板 BM13901 求解二次方程图示

此时只要在原图形的右下角补上一个边长为$\frac{b}{2}$的小正方形，便可将原来的图形补成一个大正方形，然后进行开方运算便可最终求得x的值。

另外在泥板 YBC4663 上的一个问题用现代符号表示为方程组：[23]

$$\begin{cases} x+y=6\frac{1}{2} \\ x\cdot y=7\frac{1}{2} \end{cases}$$。

古巴比伦书记员首先将$6\frac{1}{2}$取半得$3\frac{1}{4}$，然后将$3\frac{1}{4}$平方得$10\frac{9}{16}$，将它减去$7\frac{1}{2}$，余$3\frac{1}{16}$，取其平方根得$1\frac{3}{4}$，于是长度 x 为$3\frac{1}{4}+1\frac{3}{4}=5$，宽度 y 为$3\frac{1}{4}-1\frac{3}{4}=1\frac{1}{2}$。

尽管仍没有图示，但我们可以按古巴比伦书记员的解法给出几何解释，下面以方程组$\begin{cases}x+y=b\\x\cdot y=c\end{cases}$为例说明，如图 3-2 所示。

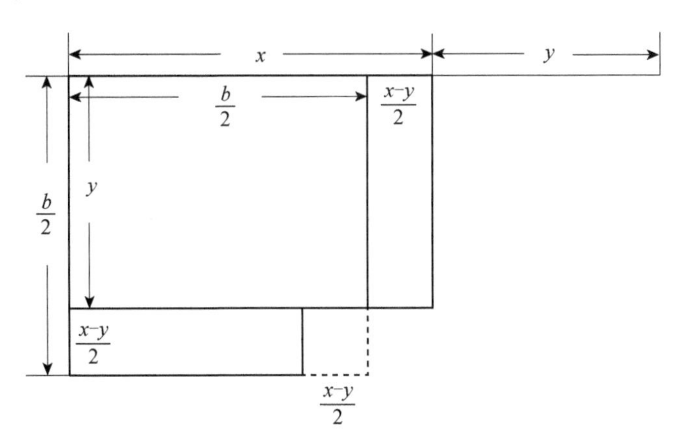

图 3-2 古巴比伦泥板 YBC4663 求解二次方程图示

古巴比伦书记员开始将b取半，然后再作$\frac{b}{2}$的平方，由于$\frac{b}{2}=x-\frac{x-y}{2}=y+\frac{x-y}{2}$，$\frac{b}{2}$的平方比原矩形的面积$c$大一个$\frac{x-y}{2}$的平方，即$\left(\frac{x+y}{2}\right)^2=xy+\left(\frac{x-y}{2}\right)^2$。由图 3-2 可知，如果求出边长为$\frac{x-y}{2}$的小正方形边长，即$\frac{x-y}{2}=\sqrt{\left(\frac{x+y}{2}\right)^2-xy}=\sqrt{\left(\frac{b}{2}\right)^2-c}$，将其加到$\frac{b}{2}$上，就得到了长度$x$，如果从$\frac{b}{2}$中减去这个值，就得到宽度$y$。

总之，目前对美索不达米亚数学的解读带有推测的成分并存在争议，对其理论水平不宜过分渲染。古代美索不达米亚数学主要是解决各类具体问题的实用知识，处于原始算法的积累时期。[24]美索不达米亚数学是否对伊斯兰数学直接产生了影响呢？卡兹（V. J. Katz）认为，由于图 2-2 与图 3-1 相一致，便断然下结论：花拉子密《代数学》在某些方面“展示了他的古巴比伦传统”[25]。在没有更多史料证据的情况下，笔者倾向于前面拉希德所述的观点，即花拉子密对上述内容应该一无所知。

当古代实用算法积累到一定阶段时，对它们进行系统整理与理论概括是必然趋势，但是这一任务并不是由早期河谷文明本身担负的。向理论数学的过渡，是大约公元前 6 世纪在地中海沿岸开始的，那是一个崭新的、更加开放的文明——历史学家常称之为“海洋文明”——也就是古希腊文明，它带来了初等数学的第一个黄金时代——以论证几何为主的古希腊数学时代。

第二节 《代数学》与欧几里得《几何原本》

古希腊数学一般是指从公元前 600～公元 600 年，活动于古希腊半岛、爱琴海区域、马其顿与色雷斯地区、意大利半岛、小亚细亚及北非的数学家们创造的数学。

在丢番图之前，古希腊人的代数是所谓的几何代数，即隐含于几何学中的代数。这种几何代数的主要特征可以概括如下。第一，代数方程问题及其求解是以几何的形式表述的，并未涉及任何代数的形式，也就是说用纯几何的方法求解实质上相当于代数方程的问题。第二，不同于古巴比伦人，古希腊人在数与几何量之间做了明确的区分，他们以线段来表示数，但在计算过程中，参与加、减运算的各量的维数必须保持一致，同一个运算或同一个等式中不可以出现线段加上或减去表示面积、体积等情形。他们以自己的方式规定了数的运算和几何量的运算。

从泰勒斯（Thales，公元前 624～前 547 年）到欧几里得（Euclid，公元前 300 年左右），随着逻辑的推导被作为严密的演绎，公理化思想日趋完善，并最终成为古希腊数学的精髓和现代数学的核心。

该时期古希腊几何代数最具代表性的丰富例子包含于欧几里得的《几何原本》（简称《原本》，*Elements*）中。该书成书于大约距今 2300 年前，在西方是除《圣经》外发行量最大的著作，且被翻译成了多种语言。《几何原本》为人类开辟了“纯数学”的时代：严密的公理、准确的定义、仔细陈述的定理和逻辑一致的证明。也许在它之前还有类似的著作，但是《几何原本》是唯一能够幸存至今的。《几何原本》提供了多种形式的二次方程的几何解法，下面我们按《代数学》中六种基本类型方程的顺序，分别看一下它们在《几何原本》中对应的几何解。

对于形如 $ax^2 = bx$ 和 $bx = c$（a，b，$c > 0$）的一元方程，即《代数学》中的类型一与类型三，它们的几何解均可以用《几何原本》中的命题Ⅵ.12 来解释，其具体内容为

《几何原本》命题Ⅵ.12：求作已知三线段的第四比例项。[26]

如图 3-3 所示，已知线段a、b、c，利用尺规作图，运用比例的思想作出线段 x，使其满足 $a:b = c:x$，相当于求方程 $ax = bc$ 的几何解。

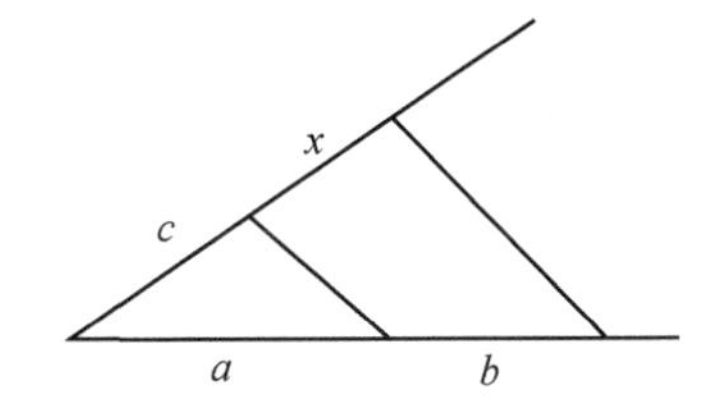

图 3-3 《几何原本》命题Ⅵ.12 图示

对于形如 $ax^2 = c$（a，$c > 0$）的一元方程，即《代数学》中的类型二，它的几何解可以用《几何原本》中的命题Ⅵ.13 来解释。其具体内容为

《几何原本》命题Ⅵ.13：求作两条给定线段的比例中项。[26]

如图 3-4 所示，已知线段a、b，利用尺规作图，运用比例的思想作出线段 x，使满足 $x^2 = ab$，相当于求方程 $x^2 = ab$ 的几何解。[27]

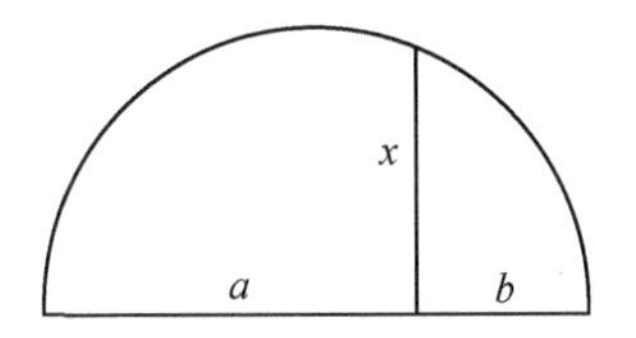

图 3-4 《几何原本》命题Ⅵ.13 图示

至于《几何原本》处理《代数学》中后三类二次方程的方法，我们可以在花拉子密的后世数学家——塔比·伊本·库拉（Thabit ibn Qurra，公元 830～890 年）的著作《论以几何证明验证代数问题》中找到答案。库拉出生于哈兰（现土耳其南部），公元 870 年来到巴格达智慧宫并最终成为一位伟大的学者。他是第一

位将欧几里得《几何原本》与花拉子密《代数学》进行比较的数学家。库拉主要是借助《几何原本》命题Ⅱ.5和Ⅱ.6来解决。这两个命题的内容如下。

《几何原本》命题Ⅱ.5：如果把一条线段先分成相等的线段，再分成不相等的线段。则由两条不相等的线段所夹的矩形与两个分点之间一段上的正方形面积之和等于原线段一半上的正方形。[26]

《几何原本》命题Ⅱ.6：如果平分一条线段并且在同一条线段上给它加上一条线段，则合成的线段与加上的线段所夹的矩形及原线段一半上的正方形的和等于原线段一半与加上的线段的和上的正方形。[26]

下面来看一下库拉的证明过程：

求解方程 $x^2+bx=c$ 的图示如图3-5所示。

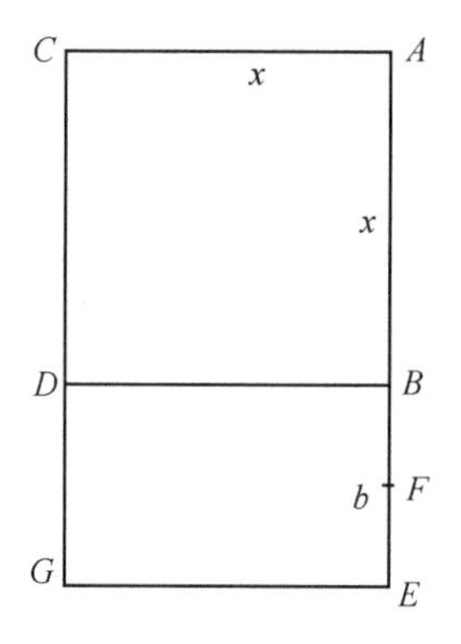

图3-5　库拉求解二次方程 $x^2+bx=c$ 图示

此时问题相当于线段 $BE=b$，面积 $S_{CGEA}=c$ 已知，求线段 AB。其中 $S_{CGEA}=AC\cdot AE=AB\cdot AE=c$，作 BE 中点 F，由《几何原本》命题Ⅱ.6可知：$AB\cdot AE+BF^2=AF^2$，即 $c+\left(\dfrac{b}{2}\right)^2=AF^2$，故 AF 可知，且 $AB=AF-BF$ 可知，等价于 $x=\sqrt{c+\left(\dfrac{b}{2}\right)^2}-\dfrac{b}{2}$。

求解方程 $x^2+c=bx$ 的图示如图3-6所示。

此时问题相当于线段 $AE=b$，面积 $S_{DGEB}=c$ 已知，求线段 AB。其中 $S_{DGEB}=BD\cdot BE=AB\cdot BE=c$，作 AE 中点 F，由《几何原本》命题Ⅱ.5可知：$AB\cdot BE+$

$BF^2 = AF^2$，即 $c + BF^2 = \left(\frac{b}{2}\right)^2$，故 BF 可知。其中 $AF = \frac{b}{2}$，故 AB 可知。另外点 B 也可以位于 AF 之间，即 $AB = AF \pm BF$，等价于 $x = \frac{b}{2} \pm \sqrt{\left(\frac{b}{2}\right)^2 - c}$。

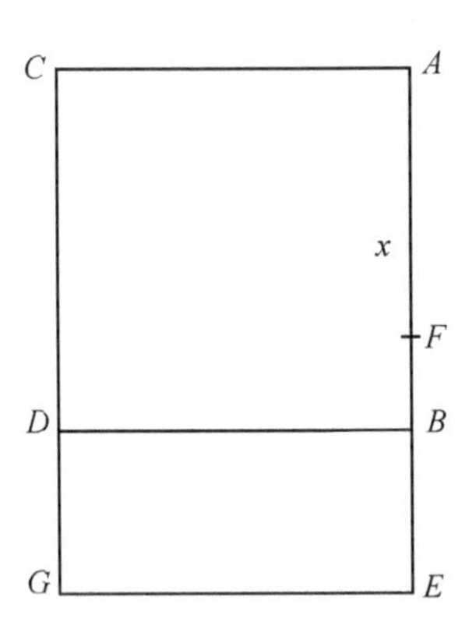

图 3-6 库拉求解二次方程 $x^2 + c = bx$ 图示

求解方程 $x^2 = bx + c$ 的图示如图 3-7 所示。

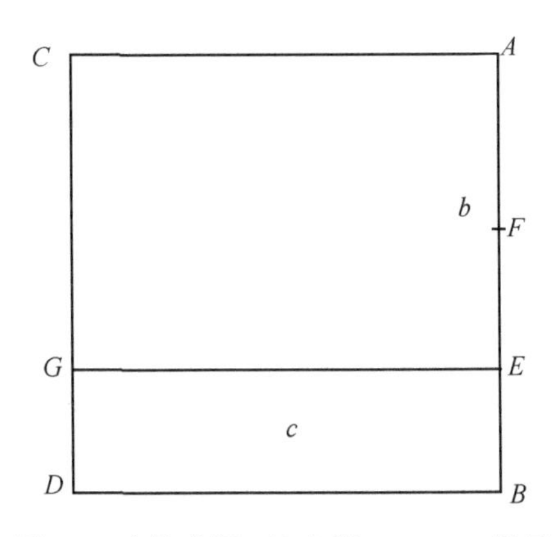

图 3-7 库拉求解二次方程 $x^2 = bx + c$ 图示

此时问题相当于线段 $AE = b$，面积 $S_{DBEG} = c$ 已知，求线段 AB。其中 $S_{DBEG} = BE \cdot BD = AB \cdot BE = c$，作 AE 中点 F，由《几何原本》命题Ⅱ.6 可知：$AB \cdot BE + EF^2 = BF^2$，即 $c + \left(\frac{b}{2}\right)^2 = BF^2$，故 BF 可知。其中 $AB = AF + BF$，$AF = \frac{b}{2}$，故 AB 可知，等价于 $x = \frac{b}{2} + \sqrt{c + \left(\frac{b}{2}\right)^2}$。

把库拉所给的上述方法与花拉子密的方法做比较，显然二者迥异。库拉的方法的本质是利用几何图形对方程的解进行定性描述，过程中体现了严谨的逻辑推理，其正确性的根源在于《几何原本》中不证自明的公理和公设。花拉子密的求根公式可以求出标准二次方程根的具体量值，几何图形仅仅是证明求根公式正确性的手段。由前可知，花拉子密当时已经熟悉《几何原本》的内容，他之所以没有采用上述库拉的方法，而采用不证自明的面积“出入相补法”[①]，这也正符合他想要创建新的数学理论的需要，便于读者理解和接受。

这一时期除了《几何原本》中的二次方程问题，还有多位数学家，如梅内赫姆斯（Menechmus，公元前 375～公元前 325 年）、阿基米德等，研究过二次方程甚至是三次方程的几何解，体现了与《几何原本》相似的古希腊几何代数的演绎思想。总之，在丢番图之前，古希腊几何代数是纯粹几何形式的，并没有给出任何方程的代数表达式，方程隐含于特定的几何问题之中，其代数意义是后人通过研究而揭示的。

第三节 《代数学》与丢番图《算术》

丢番图是古希腊文化衰落时期最伟大的数学家之一。《算术》是他的代表作，其本身是一本不定方程的习题集，充分显示了丢番图在不定分析方面的高超技巧。由于丢番图率先系统研究了正系数不定方程的整数解，所以不定方程又称为“丢番图方程”，是数论的一个分支。丢番图的突出贡献就是建立了不定方程的理论。该书对后来的伊斯兰数学、文艺复兴时期意大利乃至欧洲数学产生了重大影响，为后来的欧洲数学家韦达（François Viète，1540～1603 年）、费马（Pierre de Fermat，1601～1665 年）、高斯（Johann Carl Friedrich Gauss，1777～1855 年）等提供了创作源泉。在数学史上，《算术》一书对代数学、数论的影响不逊于欧几里得的《几何原本》在数学界的影响。当今，数论已经发展

① “出入相补法”就平面的情况而言可以理解为：一个平面图形从一处移至他处，面积不变；又若把图形分割为若干块，那么各部分面积的总和等于原来图形的面积。它在平面图形的分割以及移置原则上是任意的，不受条件的限制。其图形的面积关系具有简单的相等关系，无须经过烦琐的逻辑推导，直观性较强。

为十多个分支，如代数数论、解析数论、丢番图数论、丢番图逼近和丢番图几何等，许多内容已相当深入。丢番图的《算术》在数论的发展历史上，无疑是一部承前启后的划时代巨著。

《算术》共分十三卷，迄今只流传下来十卷。其中，古希腊版本保存了六卷（按照顺序记为Ⅰ～Ⅲ卷和Ⅷ～Ⅹ卷），阿拉伯版本保存了四卷（按顺序记为Ⅳ～Ⅶ卷）。[28]共搜集了 50 多种类型的 290 道题，其中古希腊版本 189 道、阿拉伯版本 101 道，此外还有十几个引理和推论，合起来共 300 多个问题。长期以来，古希腊人认为只有经过几何论证的命题才是可靠的，因此为了逻辑的严密性，代数也披上了几何的外衣，一切代数问题甚至简单的一次方程求解都纳入了僵硬的几何模式中。丢番图则把代数从几何的模式中解放出来，其方程的解法是纯代数形式的，这与欧几里得时代的古希腊经典大相径庭，在古希腊数学上独树一帜，现存《算术》中仅有两幅几何图形便能说明这一点。下面我们看一下丢番图对有确定解方程的处理，而不定方程在这里不予讨论。

一、可化为$ax=b$，$ax^2=b$的方程

由于丢番图只承认有理根（整数或分数），而排除一切负根、虚根、不尽根，所以这类方程直接运算便可求得结果。

二、二次混合方程

二次混合方程也可以称为完整的二次方程，即各项均不为零。丢番图在序言中说要对其解法进行说明，但现存各卷中均未集中出现，只是在不同的题目中用文字的形式直接给出了具体的求解过程。按照他所说的两个正项等于一个正项的要求，可有如下三种形式：

（a）$mx^2+px=q$；

（b）$mx^2=px+q$；

（c）$mx^2+q=px$。

以上 m，p，$q>0$。

为使二次项为平方数，丢番图并不是用 m 去除整个方程，而是以 m 乘以整个方程。在卷Ⅳ～卷Ⅵ的涉及二次方程或可归结为二次方程的问题中，可明显看出丢番图针对三种方程给出等价于求根公式的解：

（a）$x=\dfrac{-\dfrac{1}{2}p+\sqrt{\dfrac{1}{4p^2}+mp}}{m}$（Ⅵ.6、8）；

（b）$x=\dfrac{\dfrac{1}{2}p+\sqrt{\dfrac{1}{4p^2}+mp}}{m}$（Ⅳ.31、39，Ⅵ.7、9）；

（c）$x=\dfrac{\dfrac{1}{2}p+\sqrt{\dfrac{1}{4p^2}-mp}}{m}$（Ⅴ.10，Ⅵ.22）。

由于丢番图对根的判别式总是用正号，因此他的二次方程始终只有一个根；如果有两个正根，则他只取较大的一个。因此关于他是否知道二次方程有两个根就有许多争论。从现存资料来看，这样的证据是不充分的，因为在一般情况下，他只满足于得到一个解。而有些西方学者认为容易从《几何原本》命题Ⅱ.5、6 和Ⅵ.27、28、29 中得出一元二次方程的所有几何解，来肯定丢番图知道二次方程有两个解。花拉子密却在《代数学》中明确提出了两个解的存在性。

三、可化为二次方程的某些联立方程组

卷Ⅰ.27、28、30 题的方程组形式如下：

（a）$\begin{cases}\xi+\eta=2a\\ \xi\eta=B;\end{cases}$

（b）$\begin{cases}\xi+\eta=2a\\ \xi^2+\eta^2=B;\end{cases}$

（c）$\begin{cases}\xi-\eta=2a\\ \xi\eta=B。\end{cases}$

这些方程组用希腊字母表示要求的数，以区分丢番图的未知数——改记为 x，这三个方程组最后都可以化为二次方程而得以解决。

在（a）中，令 $\xi-\eta=2x\,(\xi>\eta)$，则 $\xi=a+x,\eta=a-x$，于是有 $\xi\eta=(a+x)$

$(a-x)=a^2-x^2=B$，即 $a^2-x^2=B$ 为二次方程。

在（b）中，同样令 $\xi-\eta=2x\,(\xi>\eta)$，则 $\xi=a+x,\ \eta=a-x$，于是有 $\xi^2+\eta^2=(a+x)^2+(a-x)^2=2(a^2+x^2)=B$ 也为二次方程。

在（c）中，令 $\xi+\eta=2x$，则 $\xi=a+x,\ \eta=x-a$，于是有 $\xi\eta=(x+a)(x-a)=x^2-a^2=B$，即 $x^2-a^2=B$ 仍为二次方程。

丢番图在上述所有问题的解决上都是严格代数化的。巧合的是，问题 27、28 和 30 的解均为 12 和 8。

四、三次方程

在现存各卷中，唯一一个可归结为三次方程的问题是Ⅵ.17 题：求一直角三角形，使它的面积与斜边之和为一平方数，周长为一立方数。这相当于求解方程组 $\begin{cases} a^2+b^2=c^2 \\ \dfrac{1}{2}ab+c=M^2, \\ a+b+c=N^3 \end{cases}$ 其中 a、b、c 是三角形的三边。

原书的解法是令面积 $\dfrac{1}{2}ab=x$，即 $ab=2x$。设 $a=2,\ b=x$，而 $c=M^2-x$，暂设为 $16-x$，于是周长 $a+b+c=16-x+2+x=18$，但 18 不是立方数。仍假设它是一个平方数加 2，现改变这个平方数，使它加 2 后成为立方数，即找到两个数 M、N，满足 $M^2+2=N^3$。现设 $M=m+1,\ N=m-1$，代入得 $m^2+2m+3=m^3-3m^2+3m-1$，于是有 $m=4$。由此可知 $M^2=25,\ N=27$。仍设面积为 x，而将斜边改为 $25-x,\ a=2,\ b=x$，根据勾股定理，$x^2-50x+625=x^2+4$，即得 $x=\dfrac{62}{50}$。[29]

无论丢番图受到古巴比伦人多少影响，他的贡献都大大超越了前人。他在数论和代数领域做出了杰出的贡献，开辟了广阔的研究道路。例如，他系统使用了符号，深入讨论了抽象的数，这是人类思想上一次不寻常的飞跃。《算术》这本著作多方面显示了丢番图的睿智和独创性。公元 8～9 世纪，《算术》传入伊斯兰世界，产生了巨大的影响，出现了多种翻译版本和注释版本。其中现存的四卷阿拉伯语译本是由古斯塔·伊本·鲁伽（Qusta Ibn Lūqā，公元 820～912 年）所译。随后的伊斯兰数学家，如阿布·瓦法（Muhammad Abū al-Wafā，公元 940～997 年）、凯拉吉（al-Karajī，公元 953～1029 年）、萨马瓦尔等，都做过这方面的工作。

或许出于推广普及的写作目的而采用直观、简单的几何模型对二次方程进行求根公式的推导，或许还由于当时阿拉伯人对负数的认识和相关运算不像印度人那样熟悉，所以花拉子密就必然要进行二次方程的分类。通过比较可以发现，花拉子密的六种分类与丢番图《算术》现存版本散落在各章节的分类完全相同，而在其他可以考证的早期文明中并没有出现，所以花拉子密方程分类的思想可能来源于丢番图的《算术》。在伊斯兰世界，丢番图的《算术》的首译者是著名的翻译家古斯塔·伊本·鲁伽。由此推断，花拉子密所处的年代还没有出现丢番图《算术》的译本。第一位受到丢番图影响的伊斯兰数学家是凯拉吉，他所处的年代比花拉子密晚近 200 年，他的代数著作是《法赫里》，韦普克于 1853 年在巴黎用法语出版，在这部书中可以发现作者大量引用了丢番图《算术》中的内容。

与《算术》相比，《代数学》存在明显的不足和倒退。《代数学》的全部内容都是用文字语言叙述的，而不是用字母符号。在这点上，花拉子密甚至比后面将要讨论的印度人还要倒退一步。如果说用字母表示代数是代数学的基本特征的话，那么《代数学》很难说是一本真正的代数学著作，至少和我们现在所理解的代数学有很大距离。另外，花拉子密所列举的问题都比较简单，远远赶不上《算术》的水平。既然如此，为什么花拉子密的《代数学》有如此大的影响，以至于欧洲人几个世纪以来一直把它奉为代数教科书的鼻祖呢？这是因为，首先他所阐述的问题具有一般性，可以普遍使用他提出的“还原”与“对消”的方法，使解方程的概念逐渐明朗起来。他以前的各种算术书都是以习题汇集的形式出现的，并没有给出一般的解法。从现存的《算术》卷本来看，丢番图是一个题一种解法，很难找出共同点。其次，《代数学》逻辑严谨、系统性强、易学易懂，因而广为流传。花拉子密所列举的方程 $x^2+10x=39$、$x^2+21=10x$、$3x+4=10x^2$ 一直被后世诸作家所沿用。最后，花拉子密不仅讲述了理论，而且指出了它的应用，是一部很实用的著作，因而影响很大。花拉子密的《代数学》基本建立了解方程的方法，并以此为代数学提供了方向。从此以后，方程的解法作为代数学的基本特征被长期地保留下来。[30]

虽然花拉子密的《代数学》在数学符号的运用和选题的深度广度上不及丢番图的《算术》，但是花拉子密融合了多种文化，对于有确定解的一元二次方程取得了以下进步：①对于无理根，丢番图没有涉及。尽管花拉子密在《代数学》中并没有给出其解法，但他承认无理根的存在性。②丢番图的解法是纯代数形式的，花拉子密在给出求根公式的同时，还对每个求根公式进行了适当的几何解释，使内容更直观，读者更容易接受。③没有明显证据表明丢番图认识到一元二次方程可能有两个解，但花拉子密明确地提出了这一点。

第四节 《代数学》与印度数学①

回历 154 年（公元 771 年）（另一说为回历 156 年，即公元 773 年），一个印度使团拜见哈里发曼苏尔。使团中有一位精通天文学和数学知识的人，他带来了婆罗摩笈多（Brahmagupta，约公元 598～665 年）的《婆罗摩修正体系》。印度的天文学和数学知识最早就是由这部著作传入伊斯兰世界的，后来印度的数学知识不断传入伊斯兰各国。[31]其中，阿拉伯文译者易卜拉辛·伊本·哈比卜·法扎里（Ibrāhīm b. Ḥabībal-Fazārī）或者穆罕默德·伊本·哈比卜·法扎里（Muḥammad b. Ḥabīb al-Fazārī）对于需要被翻译的术语具有一定的熟悉程度，随后他和同时代的雅各布·伊本·塔里克（Yaqūb b. Ṭāriq）用阿拉伯语发表了自己的天文学和数学著作。

古代印度数学大致可以划分为三个阶段：第一个阶段是雅利安（Aryan）人入侵以前的印度河流域文明时期（Indus Civilization，约公元前 3000～前 1500 年）；

① 感谢日本京都大学吕鹏博士对本节部分内容的修改及宝贵的意见。

第二个阶段是吠陀（Veda）时期（约公元前 10～前 3 世纪）；第三个阶段是悉檀多（梵文 Siddhānta，可意释为“最终意见”或“体系”，这里主要指数理天文学方面的论著）时期（约公元 5～12 世纪）。其中悉檀多时期的数学研究内容主要是算术和代数，并且涌现出了一批著名的数学家。

古代印度数学家大多数同时精通算术和代数，他们的著作中有许多关于正负数、分数及代数表达式的计算法则。他们解释了怎样解一个或多个复杂的线性或二次方程，给出了算术和几何级数的求和，平方数、立方数和三角级数的求解，不尽根的计算，以及怎样计算排列和组合数。而且这些法则都是正确的。在几何方面，现存的文献中也有一些关于面积和体积的计算公式。但从现代的角度看，他们在这方面并未取得较大的成就。严格意义上讲，这些公式并不完全正确，许多取的是近似值。

对于一元二次方程，印度的数学家们早已经开始了研究。雅利安人入侵以后，于公元前 7 世纪形成了婆罗门教。婆罗门教以吠陀为经典，“吠陀”是梵语“Veda”的音译，原意是“知识”。祭祀是婆罗门教必不可少的宗教仪式，祭祀就必须有祭坛，祭坛的建设必须用到几何知识，并且遵循一定的法则。经过长期的探索，总结成《绳法经》（*Śulbasūtras*）。《绳法经》的主要内容是祭坛的布局与建设、祭坛的测量与建筑所需的知识。它包含不少几何知识，还有由建筑引起的代数问题。吠陀有多种流派，因而有各自的《绳法经》，但祭坛营造规则差别并不大。但是这些《绳法经》大多已经失传，仅现存 7 部，均以流派的名称或编纂校定者的名字命名。这些文献并不是同一个时期的作品，但不会晚于公元前 300 年。[32]

由几何问题导致的代数问题在《绳法经》中是屡见不鲜的，其中包括不等式、二次方程、多元不定方程等。下面仅举一例：在《迦多衍尼绳法经》（*Kātyāyana-Śulbasūtras*）中记载，为了扩建一种“隼形火坛”（falcon-shaped fire-alter），出现了一元二次方程（同阿拉伯人一样，当时印度数学家在叙述问题时是用文字语言而非符号语言，且为了实际问题的需要而让方程的根恒正），此方程用现代符号表示为：

$$7x^2+\frac{1}{2}x=7\frac{1}{2}+m,$$

$$x=\frac{1}{28}\left(\sqrt{841+112m}-1\right) \quad \text{或} \quad x^2=\frac{1}{784}\left(842+112m-2\sqrt{841+112m}\right),$$

式中，m 是增加的面积，原著没有给出解法，只给出了近似答案。在解题过程中省略掉了 $\sqrt{841+112m}$ 项，则有 $x^2\approx\frac{1}{784}(784+112m)=1+\frac{m}{7}$。[33]对于求完未知数的值后再继续求未知数的平方的传统，后世的印度数学家大都将其保留。

1881 年，在今巴基斯坦西北部白沙瓦（Peshawar）附近的村庄巴克沙利（Bakhshāli），农民在挖地时获得了一批写有文字的白桦树皮，这是数学史上的一大发现，通常称为“巴克沙利抄本”。后经数学史专家研究表明，虽然从文字的结构上看似乎其年代较晚，上面的内容却非常古老，应该是公元 8～9 世纪时转抄公元 3～4 世纪的数学书。从公元前 200 年到公元 300 年，印度数学史上出现了一片空白，缺乏可靠的史料。这一抄本的价值在于可以从中看到这一过渡时期的一些情况。抄本的主要内容是算术和代数，还有少量的几何与测量问题，给出若干计算法则、例题及解答，包括分数、平方根、数列、收入与支出、利润与亏损、利息的计算、“三率法”（rule of three，即比例问题）及较复杂的级数求和，代数方面有简单的一次方程、联立方程组，还有二次方程。巴克沙利抄本中的内容进一步发展了一元二次方程。其中记载了这样一道题目：

> 一个人 A 第一天的速度为 s，以后每天比前一天快 b；另一个人 B，每天速度均为 S，且先行 t 天，问如果 A、B 两人从同一点出发，同向运动。经过几天，A 能追上 B？[34]

若设经过 x 天，A 能追上 B，用现代符号表示为

$$S(t+x)=x\left[s+\left(\frac{x-1}{2}\right)b\right],$$

化简得

$$bx^2-\left[2(S-s)+b\right]x=2tS,$$

解得

$$x=\frac{\sqrt{\left[2(S-s)+b\right]^2+8btS}+\left[2(S-s)+b\right]}{2b}。$$

而当$S=5$、$t=6$、$s=3$、$b=4$时，巴克沙利抄本的文字叙述相当于：

$$St=30，$$

$$S-s=5-3=2，$$

$$2(S-s)+b=8，$$

$$\left[2(S-s)+b\right]^2=64，$$

$$8tS=240，$$

$$8tbS=960，$$

$$\left[2(S-s)+b\right]^2+8tbS=1024，$$

$$\sqrt{1024}=32，$$

$$32+8=40，$$

所以：

$$x=40\div 8=5$$

虽然巴克沙利抄本没有明确提出一元二次方程的求根公式，但是其文字语言叙述的过程本质上与求根公式是一致的。

这里我们再举一道复利计算的问题，印度后世数学家的著作中大多包含此类问题。

> 有一笔本金第一期的利息为 a，以后每期利息增加 b，总和为 S。问：总共有多少期？[35]

作者的解法用现代数学符号表示如下，设总共 n 期，则有：

$$\frac{\left\{a+\left[a+(n-1)b\right]\right\}n}{2}=S，$$

化简得到：

$$bn^2+(2a-b)n=2S，$$

解得：

$$n=\frac{\sqrt{8bS+(2a-b)^2}-(2a-b)}{2b}。$$

同样，作者虽然没有明确说明求根公式，但其文字语言叙述本质上与求根公式相同。

悉檀多时期是印度数学繁荣鼎盛时期，先后出现了多位著名数学家。在这一时期，首先对一元二次方程的解法有所发展的是阿耶波多（Āryabhaa，公元476～约 550 年）。他是迄今所知道的有确切出生年的最早的印度数学家。他出生的华氏城（Pātaliputra）在今巴特那附近。阿耶波多在华氏城著书立说，主要著作有《阿耶波多历数书》（*Āryabhaīya*），完成于公元 499 年。全书用诗句写成，在圆周率的计算和三角学的改造方面都有很大的贡献，其中最大的贡献在于发明了“库塔卡”（Kutaka，原意“粉碎”）算法①。在一元二次方程方面，其作品中同样包含上述复利问题：$bn^2+(2a-b)n=2S$。但是阿耶波多更加明确地叙述了其求根公式：用利息总和乘以 8 倍的每月增加的数目，再加上 2 倍的首月利息与每月增加的数目的差的平方；然后用刚才结果的（算术）平方根减去 2 倍的首月利息，此时除以每月增加的数目，然后加上 1，最后将得到的结果除以 2，即为所求。[36]用现代符号表述为：

$$n=\frac{1}{2}\left[\frac{\sqrt{8bS+(2a-b)^2}-2a}{b}+1\right]。$$

这样的表达和求根公式是一致的。此外一道利息问题中再一次出现了二次方程：设有本金 p，经过一单位时间后产生利息 x，又设这利息经过 t 单位时间后所产生的利息加上它本身的总和是 q，求 x。

推导如下，设单位时间的利率为 r，则 $r=\frac{x}{p}$，t 单位时间内 x 所产生的利息是 $xrt=\frac{x^2}{p}t$，于是有 $x+\frac{x^2}{p}t=q$，即 $tx^2+px=pq$，原著中的答案是 $x=\frac{\sqrt{\left(\frac{p}{2}\right)^2+tpq}-\frac{p}{2}}{t}$，也和求根公式一致。

① 类似于中国传统算法中的“辗转相除法”和“大衍求一术”。

虽然阿耶波多并没有在任何地方写出其公式的推导过程，但从上面的两种求根公式的推导形式来看，他用了两种不同的方法将方程 $ax^2+bx=c$ 的左端配成完全平方项。一种是在方程两边同时乘以 $4a$，另一种是在方程两边同时乘以 a。

公元 628 年，婆罗摩笈多在他的著作《婆罗摩修正体系》中，在上述复利问题的基础上明确给出了形如 $ax^2+bx=c$ 的一元二次方程的两种求根公式。

> 一种是将绝对数置于相对于平方项与中间项（一次项）的方程的另一端。用绝对数乘以四倍的平方项系数，加上中间项的系数的平方；然后用上述结果的（算术）平方根减去中间项的系数；最后除以平方项系数的 2 倍，即为所求。[37]

用现代符号表述为：

$$x=\frac{\sqrt{4ac+b^2}-b}{2a}。$$

> 另一种是：将绝对数置于相对于平方项与中间项（一次项）的方程另一端。用绝对数乘以平方项的系数，加上中间项的系数一半的平方；然后用上述结果的（算术）平方根减去中间项的系数的一半；最后除以平方项系数，即为所求。[38]

用现代符号表述为：

$$x=\frac{\sqrt{ac+\left(\frac{b}{2}\right)^2}-\frac{b}{2}}{a}。$$

婆罗摩笈多是公元 7 世纪印度戒日王（公元 606～647 年在位）时期天文学、数学的代表人物。戒日王死后，各地纷纷独立，印度北方陷入了分裂割据的状态。在社会极不稳定的情况下，学术停滞是不足为奇的，直到公元 9 世纪才在印度南方略有起色。

施里德哈勒（Śrīdhara）的生卒年代不详，有学者认为是公元 9 世纪[39]（约公元 850 年，与马哈维拉同时），也有学者认为其著书于公元 750 年左右[40]。他的著作包括一本《算术》（*Pāīgaita*）和一本《代数学》（*Bījagaita*）。可惜后者已经遗失，但相关内容被婆什伽罗第二①（Bhaskara Ⅱ，1114～1185 年）等其他数学家引用。由于古代印度数学的神秘主义和贵族化倾向，在施里德哈勒之前的印度数学著作中都没有一元二次方程求根公式的推导过程，但是施里德哈勒的著作中明确给出了用配方法推导方程 $ax^2+bx=c$ 求根公式的过程，即"两端乘以平方项系数的 4 倍，再加上未知数系数的平方，然后再开方"[41]。

用现代符号表示为：

$$
\begin{aligned}
&ax^2+bx=c\\
&\longrightarrow 4a^2x^2+4abx=4ac\\
&\longrightarrow 4a^2x^2+4abx+b^2=4ac+b^2\\
&\longrightarrow (2ax+b)^2=4ac+b^2\\
&\longrightarrow 2ax+b=\sqrt{4ac+b^2}\\
&\longrightarrow x=\frac{\sqrt{4ac+b^2}-b}{2a}
\end{aligned}
$$

这一时期的著名数学家还有马哈维拉（Mahāvīra，公元 9 世纪，与花拉子密是同时代的人），他是虔诚的耆那教（以此教的创始人的名字命名）教徒。他是南方迈索尔（Mysore）人，长期（公元 814～880 年）在当地的宫廷工作。公元 850 年左右著有《算术集萃》（*Gaita-sāra-sagraha*）一书。

在著作中，他记载了这样一道题目（原文用诗句写成）：

> 有一群骆驼，四分之一在树林里，总数的（算术）平方根的 2 倍在山上，15 头在河边，问一共有多少头骆驼？[42]

若设总共有 x 头骆驼，则马哈维拉的解法可用现代算法表示为

$$\frac{1}{4}x+2\sqrt{x}+15=x,$$

相当于解形如

$$\frac{a}{b}x+c\sqrt{x}+d=x$$

① 为了与公元 7 世纪一位重名的印度天文学家区分开，所以称为第二。

的方程，即

$$\left(1-\frac{a}{b}\right)x-c\sqrt{x}=d\text{ 。}$$

此时

$$x=\left[\frac{\frac{c}{2}}{1-\frac{a}{b}}+\sqrt{\left(\frac{\frac{c}{2}}{1-\frac{a}{b}}\right)^2+\frac{d}{1-\frac{a}{b}}}\right]^2,$$

解得答案为$x=36$，可见他已完全掌握了二次方程的求根方法，并将其应用于特殊形式的二次方程。

至此印度数学家们对一元二次方程的公式解法已经基本了然，这种解法被他们称为“去中间项（一次项）解法”：一个一元二次方程通常包含三项，其中包含中间项（一次项），把平方项和中间项放在方程的一边，绝对量放在方程的另一边。如果把中间项去掉，把方程的一边变为一个纯粹的平方，那么通过开平方便可以得到所求。这种算法与现代配方法完全相同，而这种算法的思想到婆罗摩笈多时就已经明确产生了。

对于一元二次方程根的存在条件问题，印度数学家们并没有明确提出。可能是因为在求根公式中有开方运算，如果可以开方，则可能有根；如果不可以开方，则无根，所以没有必要说明。至于根的不唯一性，印度数学家们早已有所研究。

虽然印度的一元二次方程要保证根为正，但是方程仍然可能存在两个正根（与《代数学》中的类型五相同）。对于这一点，至少到公元 628 年，婆罗摩笈多在他的著作中就已涉及。他在处理两道独立的历法问题时，得到了两个相同的一元二次方程：$x^2-10x=-9$，解得$x=5+\sqrt{25-9}=9$或$x=5-\sqrt{25-9}=1$。他把两个不同的解分别作为两道题的最后结果。尽管婆罗摩笈多没有明确提出一元二次方程两个正根的情况，但是至少说明他已经注意到这一点。

在二次方程领域的集大成者是婆什迦罗第二。他是中世纪印度最重要的数学家之一。他出身于一个婆罗门教家庭，属于世袭的婆罗门种姓，出生于今卡纳塔克邦的比贾布尔（Bijapur district，Karnataka），后长期在乌贾因（Ujjain）工作，并主持那里的天文台工作。

他的著作中已经明确了一元二次方程两个正根的条件，引用了一个叫伯德默纳珀（Padmanābha）的数学家的一段话，相当于：对于 $ax^2+bx=c$ 类型的方程，$a>0,b<0,c<0,b^2+4ac>0$，此时可能存在两个正根。其中 $x=\dfrac{-b+\sqrt{b^2+4ac}}{2a}$ 必定是原方程的一个正根；若 $-b-\sqrt{b^2+4ac}>0$，则 $x=\dfrac{-b-\sqrt{b^2+4ac}}{2a}$ 也是原方程的一个正根。例如，在其著作《莉拉沃蒂》（*Līlāvatī*，这本书以其女儿的名字命名）中关于二次方程（均用诗歌写成）有这样一道例题：

> 一群顽猴不知数。八分之一的平方，钻进林中争攀树，12 只在山洞，狂奔乱叫穷追逐，回声惹得众猴怒。

若设共有 x 只猴子，则 $\left(\dfrac{x}{8}\right)^2+12=x$，可得两根 $x=16$ 或 48。[43]

除了二次方程理论，花拉子密在证明求根公式时选取的图形出入相补思想在印度数学中也有类似内容。印度数学中关于“出入相补”的内容可以追溯到《绳法经》。其中由于涉及祭坛的建造，所以出现了大量的图形等积变换问题。例如，*Baudhāyana*（Asl，2.5）、*Āpastamba*（Asl，2.7）和 *Kātyāyana*（Ksl，3.2）中均涉及了一种把长方形转化为等面积的正方形的方法，如图 3-8 所示。

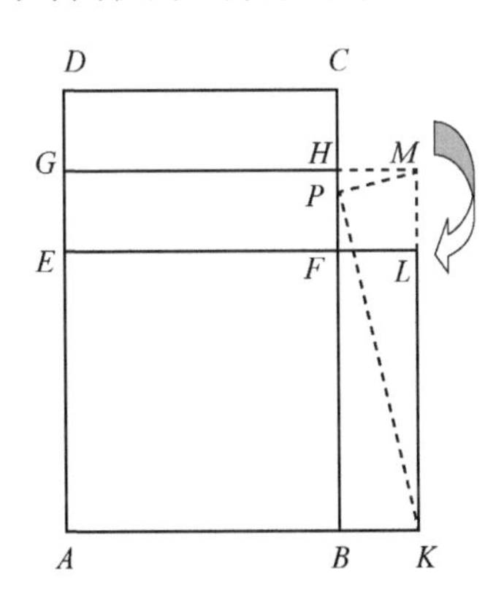

图 3-8 《绳法经》中把长方形转化为等积正方形的图示

现在要把矩形 $ABCD$ 转化为与之面积相等的正方形。

（1）在矩形 $ABCD$ 上截取正方形 $ABFE$，将剩余的矩形 $EFCD$ 沿线段 GH 平均分为两个小矩形。

（2）将矩形 $CDGH$ 转移到矩形 $BKLF$ 的位置，把小正方形 $FLMH$ 补全，此时得到大正方形 $AKMG$。

（3）以点 K 为圆心，线段 KM 为半径作弧交 BH 于点 P。

结论：线段 BP 的长度即为所求作正方形 $ABCD$ 的边长，即

$$\begin{aligned}BP^2 &= PK^2 - BK^2\\&= MK^2 - FL^2\\&= S_{AKMG} - S_{FLMH}\\&= S_{ABFE} + S_{EFHG} + S_{FBKL}\\&= S_{ABFE} + S_{EFHG} + S_{DGHC}\\&= S_{ABCD}\text{。}\end{aligned}$$

显然这一过程体现了勾股定理和“出入相补”思想的应用。比较一下我们发现，上述过程中的前半部分与花拉子密《代数学》中二次方程类型四的几何模型及解法相同。除此之外，印度数学中的“出入相补”思想还可以找到一些例子。例如，《绳法经》中所表述的勾股定理，矩形对角线所给出的面积等于长与宽所分别给出的面积之和，并且附有一道作图题：求作一个正方形，使其面积等于两个不同正方形面积之和。

设已知正方形 $ACBG$、正方形 $CNDM$ 的边长分别为 b、a，求作一个新的正方形，使其面积为 a^2+b^2。

（1）取 $AE=a$，作矩形 $AEFG$（则对角线 $GE=c$ 就是所求作正方形的边长）；

（2）连接 DE，延长 CM 到 H 使 $MH=b$，连接 GH、DH。

则正方形 $GEDH$ 即为所求作正方形。[44]如图 3-9 所示，只要将 $\triangle GAE$ 移到 $\triangle HMD$ 的位置，将 $\triangle END$ 移到 $\triangle GBH$ 的位置，则正方形 $GEDH$ 正好是正方形 $ACBG$ 和正方形 $CNDM$ 所拼成的图形。

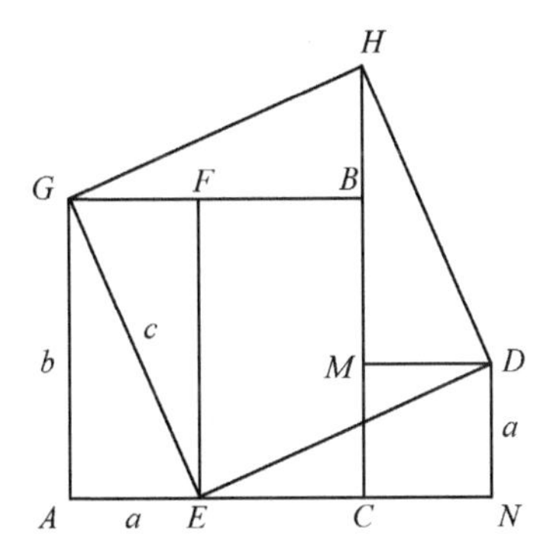

图 3-9 《绳法经》中作一个正方形等于两个不同正方形面积之和图示

花拉子密的《代数学》除了二次方程理论，还剩下三个部分：商贸问题（即三率法）、几何测量问题和遗产问题。其中几何测量中的部分知识在印度数学中也有类似内容。例如，在《代数学》中有这样的叙述：

> 对于每个圆，若将其直径乘以三又七分之一，即为包围其的周长，这是人们习惯的做法，但这不是必需的。印度人对此还有另外两种表述：其一是将直径自乘，随后再乘以十，接下来取所得的根，即为其周长；第二种表述是印度天文学家（给出的），即将直径乘以六万两千八百三十二，随后将其除以两万，所得即为周长，所有这些值彼此接近。[17]

从现有史料来看，在花拉子密之前的印度数学家大多取 $\sqrt{10}$ 作为圆周率，如 Jainas（公元前 500 年后）、Varāhamihira（约公元 550 年）、Jadivasaha（约公元 600 年）、婆罗摩笈多（公元 628 年）。花拉子密所提到的印度天文学家相当于取圆周率为 3.1416，这个结果据现有史料考证，在花拉子密之前只有阿耶波多得到过。在阿耶波多的著作《阿耶波多历数书》中数学章（Gaitpāda）部分的第十诗节，他明确地指出了其算法，原文为

> 100 加上 4，乘以 8，再加上 62 000，就得到直径为 2 万的圆周长的近似值。[45]

即

$$\frac{(100+4)\times 8+62000}{20000}=3.1416\text{。}$$

另外《代数学》中还有关于弓形的问题，花拉子密指出圆中弓形的弦长=$\sqrt{4\cdot 矢（直径-矢）}$。而在印度，早在耆那教的经典中就有关于弓形的相同问题的讨论。耆那教产生于婆罗门教之后。和婆罗门教相同，耆那教也很注重数学，他们把数学看成教义的一部分，创立者被尊称为大雄（Mahāvīra）。耆那教的原始文献流传下来的很少，而且相当难懂，数学史学家多半是根据后来的注释去了解其中的内容。其中上面的内容均出自著名的注释者乌马斯瓦蒂（Uāmswāti，约公元前 150 年，在华氏城活动）所注解的文献中。[46]

据数学史家 S.甘兹（Solomon Gandz）研究，花拉子密并非古希腊几何代数的信徒。当时巴格达的“智慧宫”里聚集着来自各地的大批学者。其中一部分人翻译、推崇和接纳古希腊的演绎体系。而以花拉子密为代表的另一部分学者则反对古希腊近乎纯粹逻辑演绎的介入，主张以几何证明为辅的算法体系，提倡数学与实际的结合。由上可知，花拉子密的《代数学》中体现了部分印度数学传统，但是二者仍然有不少差别。

第五节 《代数学》与《九章算术》

在当今数学史界，某些西方学者一直奉行“西方中心论”，忽略了大量的东方元素。事实上在花拉子密之前，以刘徽为代表的中国古代数学家在推理论证问题上是下过很大功夫的，其中许多成果可以与欧洲文艺复兴之后的工作相媲美。

据《汉书·张骞传》记载，早在 2000 多年前，张骞两次（公元前 139 年和公元前 119 年）出使西域，其间曾派遣使节到条枝地区（古波斯人对阿拉伯的称呼）。公元 97 年，班超出使西域时，其副使甘英到达过海湾地区。中国古代和阿拉伯之间开辟了两条通道。一条是陆路上的“丝绸之路”，即以丝绸为代表的中国商品通过陆路运送到阿拉伯地区；另一条是海上的“香料之路”，即以香料为代表的阿拉伯商品通过海路传到中国。除了商贸上的往来，中阿在科学文化等方面都有很密切的来往，这里将对两个文明中的早期数学著作做一下简单比较。

解方程自古以来就是中国传统数学的一项重要内容。中国古代解代数方程使用的是适合中国筹算的数值解法，即以开方、开带从方及后来的“增乘开方法”为主导的“正负开方术”。《九章算术》是在中国数学史上占有重要地位的一本著作。在西方科学东来之前，它是中国及邻近国家的传统数学教科书，历2000 年盛况不衰。可以说《九章算术》就是中国的《几何原本》。此书作者未留姓氏，这说明其原稿是长时间不断更新修改的集体作品。书中收录了 246 个问题及其解答，其中某些内容可以上溯到先秦时代，分方田、粟米、衰分、少广、商功、均输、盈不足、方程、勾股九章。《九章算术》迭经后世学者注释，尤其以刘徽（公元 3 世纪）注最为经典。《九章算术》的学术价值极高，可惜其原文只是命题而无推导过程，因此很难理解。经过刘徽的解释和逻辑推演后，《九章算术》才便于后学者学习。

《九章算术》涵盖的知识众多，《代数学》在这方面是无法与之相比的。下面我们比较一下两者的二次方程理论部分。要比较两者，我们首先从“开方术”说起。

通过前面内容我们可以知道，花拉子密在《代数学》中虽然承认无理根，但是还无法得到任意数的比较精确的开方结果，所以花拉子密在构造方程系数时采用特殊数据，其目的是保证出现有理根。但在《代数学》“面积测量”问题中，有题曰：

> 结果为一千八百七十五，取其根即为其面积，它等于四十三再加上一小部分物。[17]

这是《代数学》中仅有的几个无理根例子之一。现存记载完整开方过程最早的阿拉伯文献是乌克里迪希的《印度算术》（*Kitab al-Fusu Fi al-Hisab al-*

Hindi），这部著作成书于公元952～953年，晚于花拉子密。

中国文献很早就有对开方的记载。约公元前1世纪，关于盖天说的著作《周髀算经》载有陈子应用勾股定理测望太阳距离，其中就用到开平方，但未载开方程序。至迟约公元1世纪著成的《九章算术》少广章则给出了完整的开平方和开立方的算法程序，其中开平方术的算法本质是解形如$x^2=A$的一元二次方程。设x的整数部分有k位，令$x=10^{k-1}x_1$，方程变为

$$10^{2k-2}{x_1}^2=A。$$

议得x_1的整数部分，记为$\overline{x}_1$，令$x_1=\overline{x}_1+10^{-1}x_2$，则方程变为

$$a_1x_2^2+b_1x_2=A_1，$$

式中，$a_1=10^{2k-2}\cdot 10^{-2};b_1=10^{2k-2}\cdot 10^{-1}\cdot 2\overline{x}_1;A_1=A-10^{2k-2}{\overline{x}_1}^2$。

再议得x_2的整数部分，记为$\overline{x}_2$，令$x_2=\overline{x}_2+10^{-1}x_3$，则方程变为

$$a_2x_3^2+b_2x_3=A_2，$$

式中，$a_2=10^{-2}\cdot a_1;b_2=\left[a_1\overline{x}_2+\left(a_1\overline{x}_2+b_1\right)\right]\cdot 10^{-1};A_2=A_1-\left(a_1\overline{x}_2+b_1\right)\overline{x}_2$。

……

然后继续估商，按照同样的方法运算，直至求出所要求的精度。而后世的中算家在解任意一元高次方程时，始终保持了这个传统。

少广章中的开方术，今引述如下：

> 置积为实。借一算，步之，超一等。议所得，以一乘所借一算为法，而以除。除已，倍法为定法。其复除，折法而下。复置借算，步之如初。以复议一乘之，所得副以加定法，以除。以所得副从定法。复除，折下如前。若开不尽方者为不可开，当以面命之。[47]

接下来我们通过具体题目看一下其解题步骤和算法原理，少广章中[一二]题：

> 今有积五万五千二百二十五步。问：为方几何？答曰：二百三十五步。[48]

上述问题相当于解方程$S=x^2=55\,225$。当时是用算筹来演示其运算过程

的，这里我们用阿拉伯数字进行演示，其运算过程如下。

商			
实	5	52	25
法			
借			

商			
实	5	52	25
法			
借	1	00	00

商		2	00
实	5	52	25
法			
借	1	00	00

商		2	00
实	5	52	25
法	2	00	00
借	1	00	00

商		2	00
实	1	52	25
法	2	00	00
借	1	00	00

商		2	00
实	1	52	25
法	4	00	00
借	1	00	00

商		2	00
实	1	52	25
法		40	00
借		1	00

上述过程相当于首先对 55 225 的平方根进行估根，其整数位必为三位，且百位为 2，即 $x^2=55\,225$，为估计出平方根的第一位数字先作缩根变换：设 $x_1=\frac{x}{100}$，得$10\,000x_1^2=55\,225$；估根：$[x_1]=2$；减根：$y=x_1-[x_1]=x_1-2$，得

$$10\,000(y+2)^2=55\,225$$

$$\longrightarrow 10\,000y^2+40\,000y=15\,225;$$

扩根：$y_1=10y$；得

$$100y_1^2+4000y_1=15\,225。$$

下面进行第二次估根，重复上面的过程：

商		2	30
实	1	52	25
法		40	00
借		1	00

商		2	30
实	1	52	25
法		43	00
借		1	00

商		2	30
实		23	25
法		43	00
借		1	00

商		2	30
实		23	25
法		46	00
借		1	00

估根：$[y_1]=3$；减根：$z=y_1-[y_1]=y_1-3$；得

$$100(z+3)^2+4000(z+3)=15\,225$$

$$\longrightarrow 100z^2+4600z=2325;$$

扩根：$z_1=10z$；得

$$z_1^2+460z_1=2325。$$

下面对 z 进行第三次估根，重复上面的过程：

商	2	30
实	23	25
法	4	60
借		1

商	2	35
实	23	25
法	4	60
借		1

商	2	35
实	23	25
法	4	65
借		1

商	2	35
实		0
法	4	65
借		1

估根：$[z_1]=5$，最后得

$$x=100[x_1]+10[y_1]+[z_1]=235。$$

在少广章中出现了大量的开平方、开立方的例子，为后世解任意高次方程打下了基础。刘徽在《九章算术注》中给出了开平方算法的几何解释，今引述如下：

> 开方，求方幂之一面也，言百之面十也，言万之面百也，先得黄甲之面，上下相命，是自乘而除也，豫张两面朱幂定袤，以待复除，故曰定法。[47]

如图 3-10 所示，若设 $N=(a+b+c+\cdots)^2$，则 N 开平方的几何意义即为求面积为 N 的正方形边长。求得第一位数字 a 后，先将 a^2 减去，即图形中黄甲部分剖去，再豫张 $2a$，以求得第二位数字 b。议得 b 后，将 $(2a+b)b$ 减去，即将图中两个朱幂和黄乙部分剖去；然后再豫张 $2(a+b)$ 以求第三位数字 c，依次重复上述过程。这一方法的根据是“出入相补”原理。[49]

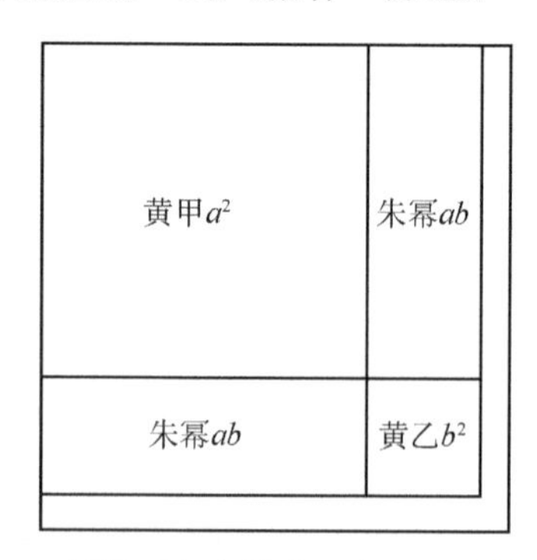

图 3-10　刘徽《九章算术》中开平方算法图示

对于开立方已有充分的研究，这里不再赘述。或许是由于刘徽无法找到开三次方以上的几何模型，抑或是刘徽不想对《九章算术》原文中没有的知识加以解释，至此《九章算术》及其刘徽注在开方术中没有突破三次方，尽管开方术只有短短几行字，但其意义是深远的。

《九章算术》勾股章中含有一次项的一元二次方程的数量很少，且不能代表一般形式的一元二次方程，但方程解法明确，言简意赅，堪称经典。刘徽显然对开方术的解题思想和机械算法的构造非常熟悉。对于 $x^2=55\,225$，第一次估根后，得出方程 $y^2+400y=15\,225$，即有一次项的一元一次方程。其中根的数，在第一次估根前为 0，但第一次估根后不为 0，即“法”不为 0，因此刘徽称形如 $x^2+ax=b\ (a\neq 0)$ 的方程为“带从法”方程，即“带从开方”问题。其数值解题程序仅仅是把开方术中的第一次估根舍掉，直接从第二次估根开始重复机械算法。下面我们具体看一下《九章算术》勾股章中[二十]题：

> 今有邑方不知大小，各开中门。出北门二十步有木。出南门一十四步，折而西行一千七百七十五步见木。问：邑方几何？
>
> 答曰：二百五十步。术曰：以出北门步数乘西行步数，倍之，为实。并出南、北门步数为从法。开方除之，即邑方。[50]

由题意，根据三角形的相似。设邑方，即正方形的边长为 x，则列方程得

$$x^2+(20+14)x=1775\times 20\times 2,$$

其中出北门步数 20 乘西行步数 1775，再乘以 2 即加倍为“实”。出北门步数 20 加出南门步数 14 为“从法”，我们由开方术进行以下运算：

商			
实	7	10	00
法			34
借			1

商		2	00
实	7	10	00
法		34	00
借	1	00	00

商		2	00
实	7	10	00
法	2	34	00
借	1	00	00

商		2	00
实	2	42	00
法	2	34	00
借	1	00	00

商		2	00
实	2	42	00
法	4	34	00
借	1	00	00

商		2	00
实	2	42	00
法		43	40
借		1	00

商		2	50
实	2	42	00
法		48	40
借		1	00

商		2	50
实			0
法		48	40
借		1	00

对于方程 $x^2+(20+14)x=1775\times20\times2$，即 $x^2+34x=71\,000$。为估计出平方根的第一位数字，先作缩根变换，设 $x_1=\frac{x}{100}$，得 $10\,000x_1^2+3400x_1=71\,000$；估根：$[x_1]=2$；减根：$y=x_1-[x_1]=x_1-2$；得 $10\,000(y+2)^2+3400(y+2)=71\,000 \longrightarrow 10\,000y^2+43\,400y=24\,200$；扩根：$y_1=10y$，得 $100y_1^2+24\,200$；估根：$[y_1]=5$；减根：$z=y_1-[y_1]=y_1-5$；得 $100(z+5)^2+4340(z+5)=24\,200 \longrightarrow 100z^2+5340z=0$；此时 $z=0$，所以 $x=100[x_1]+10[y_1]+z=250$。

同样，依据“出入相补”原理可以解释“带从开平方”解二次方程 $x^2+px=q\,(p,q>0)$，实际上是求面积为 q 的矩形的一条边长。与开平方的几何解释不同的是每次求得一位数字之后，多减去一个以 p 为一边的矩形面积，如图 3-11 所示。

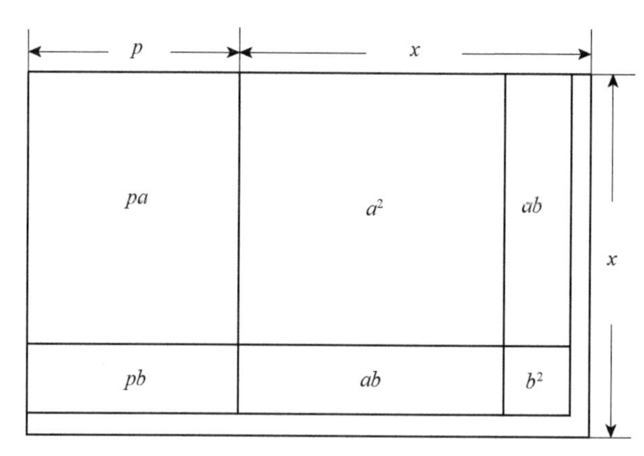

图 3-11　《九章算术》解带从开平方算法图示

通过比较开平方与带从开平方两幅几何解释的图形（图 3-10 与图 3-11），我们也不难发现二者在数值解法上的密切联系。如果将平面的情况推广到立体，相似的方法又可以解释开立方与带从开立方。

虽然中国数学家构造的是数值求解算法，但他们证明这些算法的几何思路与原理（特别是“出入相补”原理）却具有普遍意义，这与花拉子密在几何方法上的运用至少在形式上是相似的。[51]除了方程理论，《代数学》中剩余的商贸问题、面积测量等问题与《九章算术》中的许多问题相似，下面分别来看一下。

在《代数学》的面积测量一章中，涉及三角形、四边形及圆等简单图形的面积计算问题，立体图形中的方台及圆柱体的体积计算问题。尽管《代数学》中的大部分计算是正确的，但图形的种类和具体公式的推导都不如《九章算术》中的相关内容。例如，在《代数学》中，其勾股定理的证明是极特殊的情况；在圆周率的取值上有三种不同的取法：①在日常计算中，π 取值 $3\frac{1}{7}$；②在几何计算中，π 取值 $\sqrt{10} \approx 3.162\,27$（来自印度）；③在天文学计算中，$\pi$ 取值 $\frac{62\,832}{2000} = 3.1416$（来自印度）。其精度均不高于中国数学家祖冲之（公元 429～500 年）的计算结果。尽管如此，在《代数学》的面积计算一章中还是有不少“亮点”的，下面来看几个例子。

1. 三角形面积的计算

三角形在《九章算术》中被称为圭田。《夏侯阳算经》定义“圭田”为“三角之田”。方田章中提出从三角形的一边与其上的高求三角形的面积的一般方法，刘徽用出入相补的图形进行了解释。但在土地的实际测量中，不免会遇到树木、沼泽等障碍，三角形的高很难测量。因此用三角形三边长直接求三角形的面积更符合实际生产的需要。与刘徽同时代的古希腊数学家海伦（Heron of Alexandria，公元 62 年左右，生平不详）给出了著名的海伦公式：一般地，已知三角形三边分别为 a、b、c 时，其面积为

$$S = \sqrt{s(s-a)(s-b)(s-c)},$$

其中，$s = \frac{a+b+c}{2}$，即半周长。

海伦公式简单易记，是体现数学美的典型例子。

在《代数学》中有相同的问题，花拉子密给出了求三边长分别为 13、14、15 的斜三角形的面积问题。他先设某一斜边在其邻边上的射影为 q，两次使用

勾股定理求三角形面积，如图 3-12 所示。

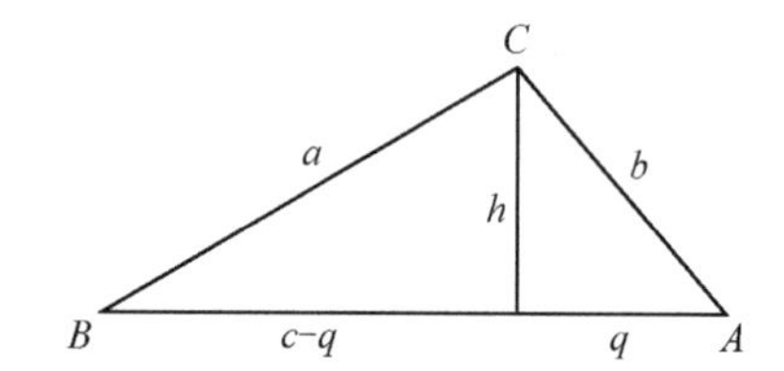

图 3-12　《代数学》中通过三角形三边长求解三角形面积图示

其过程如下：

$$h^2=b^2-q^2=a^2-(c-q)^2,$$

$$b^2-q^2=a^2-c^2-q^2+2cq,$$

$$q=\frac{b^2+c^2-a^2}{2c},$$

$$h=\sqrt{b^2-q^2}=\sqrt{b^2-\left(\frac{b^2+c^2-a^2}{2c}\right)^2},$$

所以

$$S_{\triangle}=\frac{ch}{2}=\frac{1}{2}\sqrt{b^2c^2-\left(\frac{b^2+c^2-a^2}{2}\right)^2}。$$

花拉子密的算法与印度阿耶波多的《阿耶波多文集》卷二数学篇命题六相同，对此婆什迦罗第一（Bhāskara Ⅰ，约公元 600 年左右）做了解释，相当于以下的现代算法：

$\triangle ABC$ 中，边 CA、边 BC 在边 BA 上的射影分别为

$$q=\frac{1}{2}\left(c+\frac{b^2-a^2}{2c}\right),$$

$$c-q=\frac{1}{2}\left(c-\frac{b^2-a^2}{2c}\right),$$

$$h=\sqrt{b^2-q^2}=\sqrt{a^2-(c-q)^2}。$$[52]

尽管婆什迦罗第一并没有给出证明过程，但其本质与花拉子密的解题思想相同。而在中国宋元时期，秦九韶在《数书九章》卷五第二题也是用三角形三边求面积问题，相当于

$$S_{\triangle}=\sqrt{\frac{1}{4}\left[a^2c^2-\left(\frac{a^2+c^2-b^2}{2}\right)^2\right]}。$$

由上可知，印度、伊斯兰世界、中国先后出现的公式本质相同。[53]

2. 三角容方问题

在《代数学》面积测量一章中的最后一题为三角容方问题：

> 设有一块三角形土地，其两条边为十腕尺和十腕尺，底边为十二腕尺。在其内部有一块正方形土地，这个正方形的每条边长为多少？

花拉子密的解法如图 3-13 所示。在$\triangle ABC$中，边$AB=AC=10$，$BC=12$，其中四边形 $DGFE$ 为其内接正方形。设其边长为 x，则$FM=GM=\frac{x}{2}$，$AM=8$为BC边上的高，M为垂足。

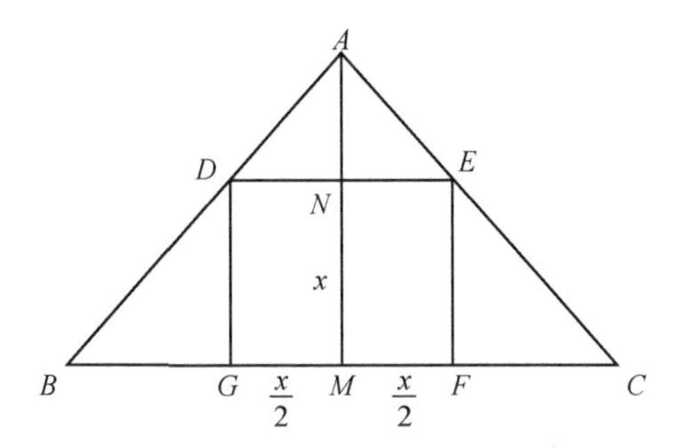

图 3-13 《代数学》中三角容方问题图示

运用等积法，有

$$S_{\triangle ABC}=\frac{1}{2}BC\cdot AM=\frac{1}{2}\times 12\times\sqrt{10^2-\left(\frac{12}{2}\right)^2}=48,$$

则

$$\begin{aligned}S_{\triangle ABC}&=S_{\triangle ADE}+S_{\triangle BDG}+S_{\triangle CEF}+S_{DEFG}\\&=\frac{1}{2}DE\cdot AN+\frac{1}{2}BG\cdot DG+\frac{1}{2}CF\cdot EF+DG\cdot GF\\&=\frac{1}{2}x\cdot(8-x)+\frac{1}{2}x\cdot\left(6-\frac{x}{2}\right)+\frac{1}{2}x\cdot\left(6-\frac{x}{2}\right)+x^2\\&=48,\end{aligned}$$

解得 $x=4\frac{4}{5}$。

此问题与《九章算术》勾股章中第十五题的三角容方问题相似：

今有勾五步，股十二步。问：勾中容方几何？答曰：方三步一十七分步之九。[47]

如图 3-14 所示，刘徽运用“出入相补”原理计算出 $S_{DBFE}=\frac{AC+BC}{AC\cdot BC}$。

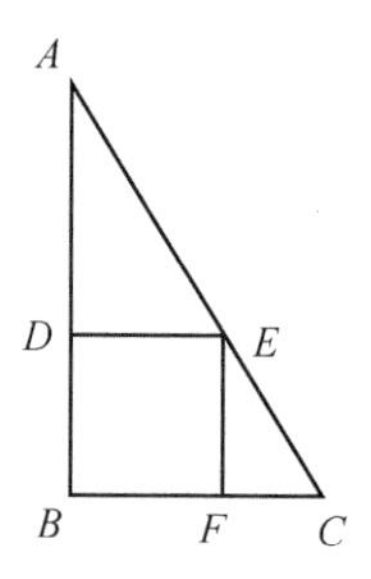

图 3-14 《九章算术》勾股章第十五题三角容方问题图示

通过对比可以发现，二者有相似之处，但后者是为解决勾股问题而安排的。相比之下，尽管花拉子密选取的是等腰三角形，且没有全面讨论不同的情况（在三角容方问题中，内接最大正方形的一边必须落在三角形的一边上，且随着所在边的不同而发生大小的变化），但其解题思想和运算过程与现代算法相同，具有一般性，且很容易推导出一般性的公式解，如图 3-15 所示，对于任意 $\triangle ABC$ 中 BC 边上内接最大正方形的边长等于 $\frac{2S_{\triangle ABC}}{a+h}$。

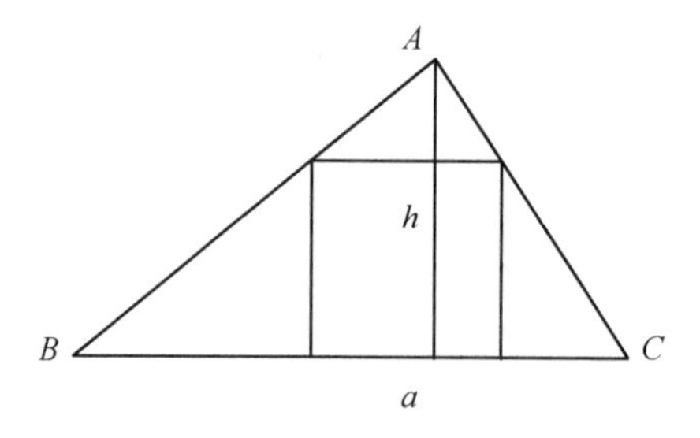

图 3-15 一般三角形中三角容方问题图示

3. 四棱台体积计算问题

下面来看一下《代数学》中关于四棱台的问题（图 3-16）。

若有人说：现有一个棱台[①]，其下底面为四腕尺乘以四腕尺，高为十腕尺，其顶部[②]为二腕尺乘以二腕尺。

我们已经指出对于所有的棱锥，若其顶点确定，则其底面积的三分之一乘以其高所得即为其体积。但是此处是不确定的，需要知道还需多少高度，才能将其由没有顶点变为补齐顶点。知道这是十，（将其）与最长的边相比应等于二与四的比例，其中二是四的二分之一。若如此，则十是这个长度的二分之一，其全部长度为二十腕尺。此时知道这个长度，则取下底面面积的三分之一，其为五又三分之一；将其乘以这个长度，即二十腕尺，得到一百〇六又三分之二（立方）腕尺。想要从其中移走曾经为补全这个锥体而添加的部分，其为一又三分之一，这是三分之一的底面积，（其中底面积）为二乘以二，将其乘以十，得到十三又三分之一。这是曾经为了补全这个锥体而添加部分的体积。若将其从一百〇六又三分之二（立方）腕尺中移走，则剩余九十三又三分之一（立方）腕尺，此即为这个棱台的体积。[17]

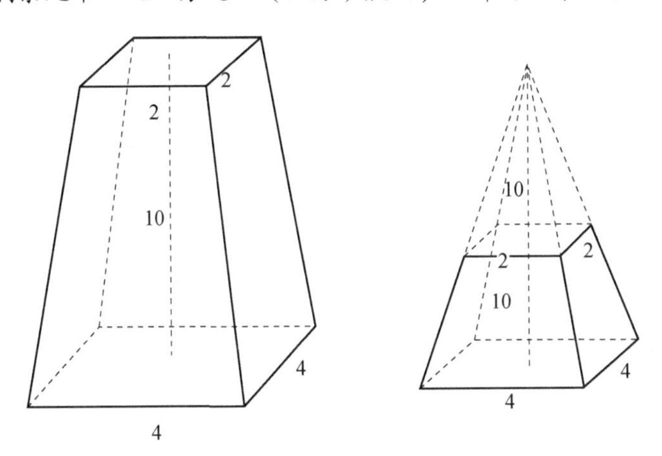

图 3-16 《代数学》中四棱台问题图示

《九章算术》中也有四棱台体积的计算问题。刘徽把四棱台分割成了若干常见几何体，然后求和。而花拉子密则是把四棱台补全为四棱锥，然后进行减法运算。尽管二人都是用割补的思想，但显然花拉子密的计算过程简单，且解题思路与现代算法相同。

① 原文字面意思为圆锥。
② 此处指的是棱台的上底面。

《代数学》商贸问题一章描述的是比例问题，即通常所说的“三率法”。原文是这样描述的：

> 在人们所有的交易活动中，如买卖、交换、租赁等，询问者需要记住两组概念四个数字，分别为数量、单位、单价和总价。①
>
> 表示数量的数字不与表示单价的数字成比例，表示单位的数字不与表示总价的数字成比例。在这四个数字中，通常三个明确已知，（剩余）一个未知，就是人们问的“多少”，也就是询问者的问题所在。
>
> 此类问题的解法是：首先观察三个明确的（已知）数字，通常它们中有两个数字间不成比例；则将两个明确不成比例数字中的一个乘以另一个，随后将所得的乘积除以另一个明确的数字，其中此数字与未知数字不成比例；所得（的商）即为询问者所要求的未知数的值，它与除数不成比例。[17]

在人们的生产生活中，比例问题无处不在，世界各民族历史中也常有记录。古希腊欧几里得《几何原本》的许多章节中都列有比例问题，其中命题Ⅶ.19这样叙述：

> 如果四个量成比例，那么第一个量与第四个量相乘，等于第二个量与第三个量相乘；反之，如果第一个量与第四个量相乘等于第二个量与第三个量相乘，那么这四个量成比例。[26]

在《九章算术》粟米章中的“今有术”即为上述比例问题。

> 今有术曰：以所有数乘所求率为实。以所有率为法。实如法而一。[54]

印度的比例问题最早见于《阿耶波多文集》卷二命题二十六：“实”与“要求项”的乘积除以“主项”，就得到“实”所对应的“所求项”。印度历代数学家对三率法都有记载且设题应用。

显然，古希腊、中国、印度和阿拉伯文献记录对于两组率关系的认识是一致的，如表3-1所示。

---

① 在本章中，花拉子密所处理的问题主要利用如下比例公式：

$$\frac{\text{数量}}{\text{单位}}=\frac{\text{总价}}{\text{单价}}。$$

表 3-1 古代不同文明所给四项比例名称表

记号	古希腊	中国	印度	阿拉伯
a	第一个量	所有率	主项 pramana	单位
b	第二个量	所有数	实 phala	单价
c	第三个量	所求率	要求项 iccha	数量
d	第四个量	所求数	所求项	总价

注：$a:b=c:d$，即 $ad=bc$。

李约瑟在《中国科学技术史》卷三“数学卷”中评论说：虽然一般认为三率法是属于印度的，但是在汉代的《九章算术》中就已出现，早于任何一本梵文古籍。值得注意的是，在汉文和梵文这两种语言中，表示分子的专门术语是相同的。汉字的“实”与梵文的 phala 都是果实；同样表示分母的汉文“法”和梵文 pramana 也都表示标准的长度单位；同时梵文的 iccha 也对应于汉语的“所求率”。[55]

中国和古希腊各自独立发展了三率法，后来由中国传入印度。花拉子密或许是在参阅了印度或古希腊的三率法，而后加以发展，使其更具有实用性的商业化味道。文艺复兴之后，这一法则经由伊斯兰世界传入欧洲。由于其简便、易行，很受商业界欢迎，被当时的欧洲人誉为“黄金法则”。

第六节 小 结

综上所述，花拉子密的《代数学》，尤其是其中的方程思想，并非某一传统数学思想的延伸、发展，而是多民族文化的融合。通过比较研究，《代数学》在具体运算技巧和部分内容上保留了大量的印度数学特点，甚至许多内容可以在印度数学中直接找到出处。从宏观角度看，《代数学》体现了以中国、印度为代表的东方数学的特点：寓理于算的算法化倾向、实用性特点、数值化特征，以及用以“出入相补”原理为基础的几何模型来解释算法。这些都与中国古代数学的传统特征相吻合。“代数”一词本身是方程求解过程中一个化简步骤的名称，可见在代数学产生和发展的过程中其始终与方程有着密切的关系。接下来我们将介绍《代数学》中的方程思想对后世的影响。

第四章

《代数学》在伊斯兰世界的影响

《代数学》全书没有符号，但有明确的方程思想，其中的“还原与对消”方法作为代数学的基本特征被长期保留下来，并基本确立了后世伊斯兰代数学中方程化简（多项式理论）和方程求解这两条主要发展脉络。

第一节　《代数学》对伊斯兰代数学的影响

花拉子密在上述方程化解过程中需要将基本的算术方法应用于未知量，相当于今天的多项式理论。在《代数学》开始部分，花拉子密表述二次方程道：

> 我发现，还原与对消计算过程中所需要的数字有三种类型，即根、平方和与根及平方均无关的简单数字（简称数）。
>
> 在这几种类型中，根是可以与自身相乘的任何物，可以是单位一，可以是比它大的数字，也可以是比其小的分数；平方是任意根自乘的结果；简单数字是与根或平方均无关的所能说出的任意数字。[17]

尽管《代数学》中出现了两道三次方程和一道四次方程问题，但是由于题目形式的特殊性，花拉子密将其转化为一次或二次方程进行求解，没有定义更高的“立方”及“四次方”。从现有文献来看，与花拉子密同在“智慧宫”中的数学家巴努·穆萨（Banū Mūsa）等学者给出了“立方”的定义及其名称。[56]

9 世纪，伊斯兰数学家古斯塔·伊本·鲁伽将丢番图的《算术》译为阿拉伯文，下面是其阿拉伯译本第四卷中开始部分的相关定义：

> 我说过任何一个平方乘以其方根得到立方……将立方乘以物得到的结果等于平方自乘，将其称为平方平方……将平方平方乘以物的结果等于立方乘以平方，将其称为平方立方……将平方立方乘以物的结果等于立方自乘，[又]等于平方乘以平方平方，将其称为立方立方。[57]

丢番图对四次方、五次方和六次方的定义在伊斯兰数学史上产生了重要影响，但是其局限性在于《算术》一书中最大仅出现了六次方，且通过其原文很难找出这种定义的规律性，无法给出更高次乘方的定义名称。丢番图的这种定义直接影响了卡米尔，其全名为阿布·卡米尔·舒亚·伊本·阿斯拉姆·伊本·穆罕默德·伊本·舒亚（Abu Kamil Shuja ibn Aslam ibn Muhammad ibn Shuja）。约公元 850 年，卡米尔生于古埃及，约公元 930 年去世，他常被称为“埃及计算师”（al-Hasib al-Misiri）。卡米尔不仅在伊斯兰数学史上有重要地位，其数学思想对欧洲代数学的发展也起到了基础性作用[由于斐波那契（Leonardo Pisano，Fibonacci，Leonardo Bigollo，约 1170～约 1250 年）将他的代数学内容介绍到欧洲]。卡米尔在其所著《代数学》中用文字定义了幂指数高于二次的正整数幂，如“平方平方”表示为 x^4、“立方立方”表示为 x^6、“平方平方平方平方”表示为 x^8。

在多项式理论领域中，后世伊斯兰数学家中首先取得突破性进展的是凯拉吉。其全名为阿布·伯克尔·伊本·穆罕默德·伊本·侯赛因·凯拉吉（Abu Bekr ibn Muhammad ibn al-Husayn al-Karajī），公元 953 年 4 月 13 日生于巴格达，约 1029 年去世。凯拉吉一生中的大部分时光都是在巴格达度过的，他将最重要的代数学著作《法赫里》（*Al-Fakhri*）献给了当时巴格达的统治者。拉希德认为凯拉吉的工作使代数学进一步“独立”，这种进一步“独立”被称为“算术化代数”[①]。凯拉吉的后世数学家之一萨马瓦尔对此给出了最好的解释：

> 将所有的应用于已知数上的计算方法按照相同的方式应用于未知数。[58]

相当于系统地将加、减、乘、除、比例和开方这几种基本算术方法应用于代数表达式。这项工作最早见于凯拉吉的著作《法赫里》（*al-Fakhrī*）中。尽管这本书现存部分并非全本，但幸运的是，其相关内容被萨马瓦尔的《算术珍本》（*al-Bahir of algebra*）[58]转引。伊本·叶海亚·马格里布·萨马瓦尔（Ibn Yahya al-Maghribi al-Samawal）1125 年生于巴格达，1174 年卒于马拉盖。他从小自学了阿布·卡米尔、凯拉吉等学者的著作，但对凯拉吉著作中的部分内容并不满意并开始着手对其进行完善。在 18 岁的时候，萨马瓦尔完成了他的代数学著作《算术珍本》，其重要性不仅在于其本身所包含的数学理论，还在于它保留了目前遗失的凯拉吉数学著作中的重要内容。萨马瓦尔将其算术化代数内容安排在《算术珍本》第一卷。他指出，凯拉吉在给出几个基本代数量概念的同时，还先后给出了欧几里得《几何原本》中的两个命题——Ⅶ.19[②]和Ⅶ.18[③]，随后将“基本代数量”的概念进行扩展。首先，凯拉吉利用“物与物的乘积等于平方”这个定义得到“1 比上物等于物比上平方”，即 $x \cdot x = 1 \cdot x^2$（《几何原本》Ⅶ.19）$\longrightarrow 1 : x = x : x^2$。类似的，利用定义“平方与物的乘积等于立方”得到“物比上平方等于平方比上立方”，即 $\left.\begin{matrix} x \cdot x = x^2 \\ x^2 \cdot x = x^3 \end{matrix}\right\}$（《几何原本》Ⅶ.18）$\longrightarrow x : x^2 = (x \cdot x) : (x^2 \cdot x) = x^2 : x^3$。凯拉吉将此结论利用《几何原本》命题Ⅶ.19，继续得到：

> 因为物比上平方等于平方比上立方，则有物与立方的乘积等于平方自

---

① “算数化代数”（Arithmetization of Algebra）这一译法是由拉希德提出的。关于其较权威的研究文献，读者可以参考：R. Rashed. The Development of Arabic Mathematics: Between Arithmetic and Algebra. A. F. W. Armstrong（trans）. New York：Kluwer Academic Publishers，1994.

② 如果四个量成比例，那么第一个量与第四个量相乘，等于第二个量与第三个量相乘；反之，如果第一个量与第四个量相乘等于第二个量与第三个量相乘，那么这四个量成比例。
Euclid. The Thirteen Books of the Elements[M]. Translated with introduction and commentary by Sir Thomas L. Heath. Second Edition Unabridged. Vol.2（Books Ⅲ—Ⅸ）.1956：318.

③ 如果两数各乘任一数得某两数，则所得两数之比与两乘数之比相同。
Euclid. The Thirteen Books of the Elements[M]. Translated with introduction and commentary by Sir Thomas L. Heath. Second Edition Unabridged. Vol.2（Books Ⅲ—Ⅸ）.1956：318.

乘，故称为平方平方。由于将物比上平方等于立方比上平方平方，则物乘以平方平方等于平方乘以立方，所以将此乘积称为平方立方；同理，物与平方立方的乘积等于平方乘以平方平方或者立方自乘……所以由于其等于[位于中间的]立方乘以立方，则将此乘积称为立方立方……[按照]这种成比例[的规律]后面会[产生]更多的乘方且没有尽头。[58]

相当于凯拉吉给出了 $a^n = a^{n-1} \cdot a$（n=1,2,⋯,9）的定义。由于明确的规律性，可以将其扩展到任意正整数指数幂。他同时还利用倒数的概念将其扩展到任意负整数指数幂。萨马瓦尔指出，“倒数”的概念并不是凯拉吉发现的，他只是在此处引用而已。不难看出，在算术化代数发展早期，数学家们对于基本概念已经相对严格化。但是一个明显的缺陷便是，凯拉吉和萨马瓦尔均没有定义 $a^0 = 1(a \neq 0)$。

事实上，花拉子密除了给出几个基本代数量定义外，在《代数学》说明一元二次方程求根公式的几何模型之后，他还利用简短的篇幅描述了单项式、多项式之间的加减乘除运算法则，此处不再展开论述。萨马瓦尔在《算术珍本》中系统全面地给出了整式间的加、减、乘、除、比例和开方运算法则。总之，这种源于方程化简过程中的基本运算步骤及简单的算术方法在伊斯兰数学家们的努力下已经发展成一套完整的理论。

在伊斯兰代数学中的方程求解方面，与花拉子密同时代或稍晚的数学家们，如塔比·伊本·库拉、阿布·卡米尔等，继承了花拉子密的工作并有所提高。例如，卡米尔著作中的许多问题来源于花拉子密《代数学》，卡米尔将其重新讨论或给出新的解法。下面以二次方程 $x^2 + 21 = 10x$ 为例分析他与花拉子密解法的区别。花拉子密仅仅求出两根 3、7，而卡米尔不仅用公式求出两根 3、7，又直接用公式求出 x^2：

$x^2 = \frac{10^2}{2} - 21 \pm \sqrt{\left(\frac{10^2}{2}\right)^2 - 10^2 \cdot 21} = \begin{cases} 49 \\ 9 \end{cases}$，他同样认为 x^2 是重要的项。

这实际上是建立二次方程 $x^2 + ax + b = 0$ 的直接求 x^2 的公式：

$$x^2=\frac{a^2}{2}-b\pm\sqrt{\left(\frac{a^2}{2}\right)^2-a^2\cdot b}\text{。}$$

相对于前人，卡米尔最大的进步在于他处理了大量的无理数，如他的《代数学》中的第 37 个问题：

如果人们说，10 被分成了两个部分，一部分自乘，而另一部分乘以 8 的根，把乘以 8 的根的那个积从自乘的那部分的积中减去，得到 40。[59]

若设其中一部分为 x，则原题相当于解方程 $(10-x)^2-\sqrt{8}x=40$。他仍然使用花拉子密时代的算法，先化简，然后进行还原与对消，最后观察属于哪种类型的方程直接套用公式，其解法如下：

$$(10-x)^2-\sqrt{8}x=40$$
$$\longrightarrow x^2+60=\left(20+\sqrt{8}\right)x$$

所以

$$x_1=\frac{20+\sqrt{8}}{2}-\sqrt{\left(\frac{20+\sqrt{8}}{2}\right)^2-60}$$
$$=10+\sqrt{2}-\sqrt{42+\sqrt{800}}\text{，}$$
$$x_2=\frac{20+\sqrt{8}}{2}+\sqrt{\left(\frac{20+\sqrt{8}}{2}\right)^2-60}$$
$$=10+\sqrt{2}+\sqrt{42+\sqrt{800}}$$ （由于 x_2 大于 10，所以舍掉），

而另一部分为 $10-x_1=\sqrt{42+\sqrt{800}}-\sqrt{2}$。

卡米尔还大力发展了花拉子密的“换元”思想，并直接应用于处理次数大于三次的方程，但前提必须是换元后能够化为二次方程，这些问题显然是为了介绍换元法而被构造出来的。例如，问题 45：

有人说 10 被分成了两部分，每部分用另一部分去除，而且每个商式都作了自乘，然后用较大的那个减去较小的那个，得到 2。[59]

若设其中一部分为 x，则原题相当于解方程 $\left(\frac{x}{10-x}\right)^2-\left(\frac{10-x}{x}\right)^2=2$，他造

了一个新的“东西”—— $y=\frac{10-x}{x}$，则原方程转化为 $\frac{1}{y^2}-y^2=2$，化简为 $\left(y^2\right)^2+2y^2=1$。若把 y^2 看作一个整体，则属于花拉子密二次方程类型四，代入公式运算得到 $y^2=\sqrt{2}-1$，即 $\frac{10-x}{x}=\sqrt{\sqrt{2}-1}$。卡米尔先将方程两边平方，再求解：

$$\left(2-\sqrt{2}\right)x^2-20x+100=0,$$
$$x^2+50\left(2+\sqrt{2}\right)=10\left(2+\sqrt{2}\right)x$$

所以

$$x=10+\sqrt{50}-\sqrt{50+\sqrt{20000}-\sqrt{5000}}。$$

除此之外，他还给出了二次根式的和差公式

$$\sqrt{a}\pm\sqrt{b}=\sqrt{a+b\pm2\sqrt{ab}}。$$

尽管卡米尔在理论水平、解题技巧和无理数的运算等方面将代数学大大推进了一步，但他仍未使用符号，完全用文字叙述。从某种程度上讲，他仍然没有突破花拉子密的成就，只是对其进行了代数思想的进一步提纯、明确和补充。

首先在一般高次方程求解领域取得突破性进展的是奥马尔·海亚姆（Omar Khayyam，1048～1131 年）。他有时也被称为乌马尔·海亚米（Umar al-Khayyāmī），其出生地现在属于伊朗。他出生时该地区刚被塞尔柱突厥人（Seljuk Turks）占领，他一生中绝大多数时间都得到了塞尔柱统治者的支持，并作为一个历法改革小组的领头人在伊斯法汗的观测台度过了许多年。约公元 1070 年，他完成了《代数论》（*Treatise on Algebra*）一书。与其先辈们相同，仅考虑正根与正系数的前提下，他首先给出了三次及以下全部 25 种方程的分类。海亚姆的最大贡献在于他对这 25 类方程均给出了基于古希腊数学知识的几何解法，尤其是对其中 13 种类型的方程分别利用两条圆锥曲线相交的方法给出了其几何解，本质上是利用圆锥曲线交点对方程的解进行定性描述。下面以海亚姆对方程类型 14（$x^3+c=bx$，b，$c>0$）的求解为例介绍其解题思路。其解题思路用现代数学符号可表述为图 4-1。

$$x^3+c=bx\longleftrightarrow\begin{cases}x^3+AB^2\cdot BC=AB^2\cdot x\\ x^4+cx=bx^2\longleftrightarrow\dfrac{x^4}{b}+\dfrac{c}{b}x=x^2\longleftrightarrow\dfrac{x^4}{b}=x\left(x-\dfrac{c}{b}\right)\\ \longleftrightarrow\begin{cases}\dfrac{x^4}{b}=y^2\longrightarrow y=\dfrac{1}{\sqrt{b}}x^2\text{（抛物线）}\\ y^2=x\left(x-\dfrac{c}{b}\right)\text{（双曲线）}\end{cases}\end{cases}$$

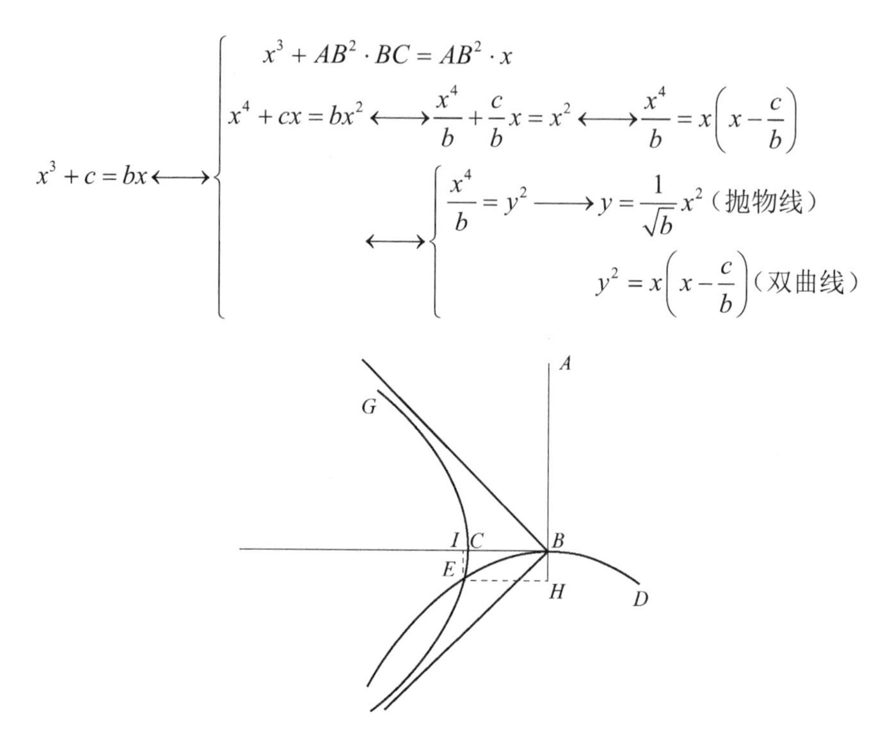

图 4-1　海亚姆求解 $x^3+c=bx$ 图示

据现有史料，在伊斯兰数学史上首先在方程数值求解领域取得突破性进展的是谢拉夫·丁·图西。他的全名是谢拉夫·丁·穆扎法尔·伊本·穆罕默德·伊本·穆扎法尔·图西（Sharaf al-Dīn al-Muzaffar ibn Muhammad ibn al-Muzaffar al-Tūsī），约 1135 年生于呼罗珊（今伊朗）图斯地区，1213 年卒。他一生中的大部分时间从事教学工作，且足迹范围很广。图西的学生中最出名的应属卡马尔·丁·伊本·尤努斯（Kamal al-Dīn ibn Yunus，卒于 1242 年），而尤努斯的学生中最出名的是纳西尔丁·图西（Nasir al-Dīn al-Tūsī，1201～1274 年）——他是当时最优秀的伊斯兰学者之一。图西在数学教学方面拥有非常高的声望，一些人不远万里来向他求教。1209 年，他完成了代数学著作《方程》（*Equations*）。在该书中，他对海亚姆的上述方程理论进行了全面的继承与发展。由于不能满足于利用圆锥曲线交点对方程解“定性的描述”，图西在方程的“定量求解”方面迈出了重要一步。图西对每种方程首先给出了与海亚姆相同的几何解法，区别在于图西首先证明了解的存在性①，这使得其几何解法更加严格；随后在每种几何解法的后面给出了其数值解法，他基于已有的“印度算数”中的开方算法——这些开方算法很可能为海亚姆所知——针对每类方程有规律地构造出了系列算法，这些新的算法巧妙地处理了由于方程低阶系数的引入而产生的初次估商，以及如何将低阶系数融入其后续机械算法等方面的问题。关于图西方程数值解更详细的研究可以参考笔者的另一篇文章[60]，此处不再展开。

第二节 伊斯兰代数学的发展

13 世纪初，阿拔斯王朝时期的阿拉伯帝国已经分裂成几个伊斯兰国家。此时蒙古人迅速崛起，1252 年，成吉思汗之孙旭烈兀奉其兄蒙哥汗之命西征。1258 年，他率军摧毁阿拔斯王朝的首都巴格达，阿拔斯王朝在西亚地区的统治结束。

吉亚斯丁·贾姆希德·麦斯欧德·阿尔·卡西（Ghiyāth al-Dīn Jamshīd Masūd al-Kāshī或 al-Kāshānī）约 1380 年生于卡尚（Kāshān，位于今伊朗），1429 年 6 月 22 日卒于撒马尔罕（Samarkand，位于今乌兹别克斯坦），是这一时期东阿拉伯地区数学家的代表。阿尔·卡西出生时恰逢帖木儿（Timur，1336～1405 年）帝国迅速崛起阶段，从小便生活于贫困之中。卡西的后半生是在撒马尔罕度过的，但是卡西何时到此地尚无法考证。卡西在来到撒马尔罕之前就已经完成了一些较好的天文学著作，但是他现存的主要数学著作却是在撒马尔罕完成的。据现有史料，卡西三本现存数学著作都是在此期间先后完成的：《论弦与正弦》（*Risāla al-Water wal-Jaib*，*The Treatise on the Chord and Sine*，年份不详）[61]、《论圆周》（*Risāla al-Muḥiṭiyya*，*The Treatise on the Circumference*，1424 年）[62]和《算术之钥》（*Miftāḥ al-Ḥisāb*，*The Key of Arithmetic*，1427 年）[63]。前

① 图西的主要思路是设两条圆锥曲线l_1、l_2，首先证明在l_1上存在两点A、B，其分别位于曲线l_2的两侧（或是内部、外部）。由于曲线l_1的连续性，则二者必定相交。

面所述的早期伊斯兰代数学中方程化简与求解理论在卡西的著作中均有所体现和发展。

《算术之钥》是一本初等数学大全，其内容几乎涵盖了当时所有的初等数学内容，共分五卷：第一卷——整数的算术、第二卷——分数的算术、第三卷——天文学家的计算法（六十进制数字的算术）、第四卷——图形的度量、第五卷——用还原与对消及“双试错法”求解未知数。卡西在该书第一卷第 5 章关于正整数方根的运算部分首先明确了 $a^0=1(a\neq 0)$ 这个概念，另外在算法上对单项式间的基本运算可以全部统一为“序列数”间的算术运算，其中“序列数”在运算中等价于今天的幂指数。例如，在《算术之钥》第五卷第 1 章第 6 节关于算术化代数中的开方运算，卡西提到：

> 至于其他乘方[次]根式的求法，将[被开]乘方视为单项式，[开]乘方序列数视为[分母，被开方乘方序列数视为分子，这样构成]分数序列数，则此时取某乘方，使其序列数等于此分数。如果不存在[单项式乘方]使其序列数等于此分数[化简后得到的整数]，则其不存在根式。例题，现有某一单项式为重复 4 次立方，即其序列数为 12，要求其平方平方根。由于[开]乘方序列数，即平方平方[序列数]为 4，则将其视为四分之一。由于 12 的四分之一等于 3，为立方的序列数，即四次重复立方的平方平方根为立方。[63]

卡西的上述算法相当于 $\sqrt[n]{a^m}=a^{\frac{m}{n}}$（$m,n\in\mathbf{Z}^+,\frac{m}{n}\in\mathbf{Z}^+$ 时有解，$\frac{m}{n}\notin\mathbf{Z}^+$ 时无解）。卡西在《算术之钥》中对算术化代数在概念的表述、知识体系的理解及具体算法方面都表现出与萨马瓦尔《算术珍本》中相关内容较大的相似性，基本上可以判断卡西书中的此部分内容延续了自 12 世纪以来的伊斯兰数学传统。但是在语言表述和算法两方面，卡西都较萨马瓦尔在多项式理论中取得了长足的进步。

《论弦与正弦》的原本已经遗失，但目前至少有 5 本（篇）著作或文章均明确指出卡西曾创造了一种迭代算法可以求出 sin1°的精确值。学界通常将 sin1°值的精确求法视为卡西《论弦与正弦》一书中的重要内容。该书成书时间不详，由于在《论圆周》（1424 年）的结语部分，卡西对相关内容有所引用，故其应在 1424 年之前完成。该书的核心部分是卡西构造出的以 sin1°为根的一元三次方程 $2700 \cdot x = 900 \cdot \sin 3° + x^3$ 并求解。卡西所给算法本质上是利用迭代算法，使得每次运算能够准确求出未知数从高到低每位上的数字，随后构造减根变换方程继续运算。直至两个世纪后，德国数学家皮蒂斯克斯（B. Pitiscus，1561～1613 年）才在其 1612 年出版的三角学著作《三角法》（*Trigonometriae*）一书中给出了相似算法。正是卡西的上述成就，使得他在世界数学史高精度数值求解领域占有重要地位。

在这一时期，除了中亚和西亚的伊斯兰政权，在伊比利亚半岛与北非也出现了多个伊斯兰政权。由于政权的对峙，此时以伊比利亚半岛、北非为代表的西阿拉伯地区的数学文明与东阿拉伯地区的数学文明出现了明显的分化。下面来看这一时期西阿拉伯地区的两位代表性数学家。

伊本 • 班纳（Ibn al-Bannā），1256 年 12 月 29 日生于摩洛哥马拉喀什（Marrakesh），1321 年卒于马拉喀什。他的一生基本是在摩洛哥度过的。此时恰逢马林王朝（Marin Dynasty，1244～1465 年）迅速崛起阶段。1248 年，马林王朝攻占菲斯城（Fez）并且定都于此。这一时期，国内学风很盛，菲斯成为北非学术中心。伊本 • 班纳早年受过良好的数学教育，后来在菲斯大学教授数学课程，包含算术、代数和几何等多个领域。《算术运算概要》（*Talkhīs amāl al-Hisāb*，*Summary of Arithmetical Operations*）是班纳的主要作品之一，该书主要讲述了基本的算术和代数内容，但他并没有说明这些内容的来源，单从内容可知他继承了更早期的伊斯兰数学传统。

卡拉萨蒂（Al-Qalasadi）1412 年生于今西班牙巴扎（Bastah），1486 年卒于今突尼斯贝雅（Béja）。他起初在巴扎学习法律、《古兰经》和科学，随后由于战争的影响迁至格拉纳达（Granada）继续学习哲学、科学和伊斯兰法律，后又迁至北非并在此学习数学，最终返回格拉纳达。尽管此时的格拉纳达正持续遭受天主教国家阿拉贡（Aragon）和卡斯蒂利亚（Castilla）的攻击，但卡拉萨蒂仍然坚持教学和研究，他最重要的作品也是在此期间完成的。《科学字母揭秘》（*Kasf al-asrār an ilm hurūf al-gubār*）是其代表作，该书是对班纳《算术运算概要》的评注。

虽然这一时期西阿拉伯地区的数学水平并不高于东阿拉伯地区，但是由于其与欧洲大陆相邻，所以它们的深入研究对于探索数学文明的传播与交流有重要意义。

第五章

《代数学》在欧洲的影响

5 世纪中叶到 15 世纪在科学史和哲学史上被称为欧洲的“中世纪黑暗时期”。在这 1000 年左右的时间里，整个欧洲特别是西欧地区，生产停滞、经济凋敝、科学文化落后，既没有像样的发明创造，也没有值得一提的科学著作；直到 12 世纪，受翻译的阿拉伯著作和古希腊著作传播的刺激，欧洲数学才开始出现复苏的迹象。1100 年左右，欧洲人通过贸易和旅游，同地中海地区和西阿拉伯地区的阿拉伯人，以及拜占庭帝国的拜占庭人进行了接触；同时十字军为掠夺土地和财富进行东征，使欧洲人进入了伊斯兰世界。从此欧洲人从阿拉伯人和拜占庭人那里了解到古希腊及东方古典学术。这些古典学术的发现激起了他们极大的兴趣。对这些学术著作的搜集、翻译和研究，最终导致了文艺复兴时期欧洲数学的高速发展。文艺复兴的前哨意大利，由于其优越的地理位置和贸易联系而成为东西方文化的熔炉。

第一节　对斐波那契的影响

“欧洲黑暗时期”即将过去时，第一位有影响力的数学家是意大利的莱昂纳多·斐波那契（Leonado Fibonacci of Pisa，约 1170～1250 年），以其代表作《计算之书》[①]而著名。该书的第一版是用拉丁文书写的，于 1202 年出版，稍后于

① 该书在国内亦被译为《算盘书》。其拉丁文原名为 Liber Abaci，但其英译者 J.M.Sigler 在其序言中指出 Liber Abaci 不应被翻译为《算盘书》（*The Book of the Abacus*）. 详见：[美]劳伦斯·西格尔（英译），纪志刚等（译）.[意]斐波那契（原著）.计算之书. 北京：科学出版社，2008：xvi.

1228 年再版。大量幸存下来的抄本证实了该书是中世纪最重要的数学著作之一。它促使印度记数系统和伊斯兰代数方法在欧洲广泛传播，并产生了深远的影响。《计算之书》的资料主要来源于斐波那契多次游历过的伊斯兰世界，而且他用自己的才华扩充和编排了所搜集的资料。该书包含多种类型的、大量的实际问题，如利润计算、货币兑换和测量等问题，可以说是一部“百科全书式”的数学著作。

《计算之书》共 15 章，其中第八章用“三率法”求解商品价钱与花拉子密《代数学》中的商贸问题在三率法的概念表述上完全相同，只不过《计算之书》中的习题更丰富。另外，斐波那契在第十五章还讨论了还原与对消的问题。他将第十五章第三节分为两部分，第一部分是对六种形式的二次方程求根公式的证明；第二部分是关于还原与对消的问题，其中很多方法直接来自花拉子密和凯拉吉。[64]

斐波那契六种形式的二次方程及其解答如下：

1. 简单方程

（1）$x^2=bx\to x=b$，

（2）$x^2=c\to x=\sqrt{c}$，

（3）$x=c\to x=c$。

2. 复杂方程

（1）$x^2+bx=c\to x=-\dfrac{b}{2}+\sqrt{\left(\dfrac{b}{2}\right)^2+c}$，

（2）$x^2=bx+c\to x=\dfrac{b}{2}+\sqrt{\left(\dfrac{b}{2}\right)^2+c}$，

（3）$$x^2+c=bx\to x=\begin{cases}\dfrac{b}{2}, & \left(\dfrac{b}{2}\right)^2=c,\\ \dfrac{b}{2}\pm\sqrt{\left(\dfrac{b}{2}\right)^2-c}, & \left(\dfrac{b}{2}\right)^2>c,\\ \text{无解}, & \left(\dfrac{b}{2}\right)^2<c(b,\ c>0)。\end{cases}$$

斐波那契与花拉子密在书中都就复杂方程的三个求根公式选取具体例题进行了几何证明，虽然在细节上略有不同，但整体相差不大。例如，斐波那契在证明复杂方程（1）时，采用了与花拉子密相同的例题：$x^2+10x=39$。对于复杂方程的求根公式，斐波那契给出了 5 个几何模型进行证明，其中公式（1）的第一种证明方法同花拉子密完全相同（参见图 2-2），但是斐波那契在公式（1）的第二种证法，以及公式（2）、公式（3）的证明时采用了与塔比·伊本·库拉完全相同的思路。

斐波那契同花拉子密一样只接受两个正根、无理根等情况，但对负根依然很困惑。斐波那契给予了“负债”解释，但没有任何二次方程的问题有负根出现，二次方程的系数也完全回避了负系数。《计算之书》第十五章有 3/5 的内容出现了“将 10 分成两部分”等《代数学》中大量出现的表述；斐波那契同样将问题化简为基本二次方程，通过求根公式得到答案。《代数学》中所有的二次方程在《计算之书》中都有相似例题。

斐波那契的《计算之书》完整地介绍了花拉子密《代数学》。斐波那契向欧洲呈现了 10 世纪的伊斯兰数学，却忽略了其在 11 世纪、12 世纪的发展。但作为“欧洲黑暗时期”之后第一位有影响的数学家，斐波那契在代数方面是阿拉伯先辈们的直接继承者，对代数学在欧洲传播做出了不可磨灭的贡献。在《计算之书》第十五章解答和证明那些最终可以化为二次方程的问题中，表现出他对伊斯兰代数学、欧几里得几何学的融合[65]。J. M. 西格尔在《计算之书》英译本的序言中这样说道：

> ……在第十五章中再次展示了代数技巧，不过这是二次而不是线性方程。所论内容与阿尔·花拉子密著作中的相关题目几乎相同。这不是剽窃，而是追寻传统，并对前人的著作表示尊重。例如，《几何原本》第七卷介绍的就是毕达哥拉斯学派的数学。在《计算之书》中，莱昂纳多·斐波那契在原书第 406 页边注明 Maumeht（即穆罕默德），以明确地表示二次方程的解法出自花拉子密。[66]

虽然《计算之书》中的数学内容并没有反映当时的伊斯兰数学著作中的新进展，但斐波那契为欧洲提供了对伊斯兰数学最早的全面介绍，以及各种各样解决数学问题的方法。这些方法后来成为数学进一步发展的出发点。[67]

第二节　对欧洲近代数学的影响

从欧洲数学史研究的角度来看，斐波那契是中世纪后欧洲第一位伟大的数学家，他的《计算之书》是欧洲数学复苏的标志[68]。但是，欧洲数学复苏的过程十分曲折。从 12 世纪到 15 世纪中叶，教会中的经院哲学派利用重新传入的古希腊著作中的消极成分来阻碍科学的进步。他们把亚里士多德、托勒密的一些学说奉为教条，企图用这种新的权威主义继续束缚人们的思想。欧洲数学真正的复苏是在 15～16 世纪。

人们对长达千年的黑暗统治已经忍无可忍，取而代之的是一场 15 世纪中叶到 16 世纪末的规模宏大的文艺复兴运动。在这一时期，欧洲（特别是西欧）出现了思想大解放、生产力大发展、社会大进步的喜人景象。科学文化技术（包括数学）也随之复苏并逐渐繁荣起来。从此，欧洲的数学开始走到世界的前列，并长期成为世界数学发展的中心。数学作为自然科学的基础，在欧洲的文艺复兴中受到广泛的重视。15 世纪欧洲的数学活动多半是以意大利城市和中欧城市纽伦堡、维也纳、布拉格等为中心展开的，受商业、航海、天文和测量等的影响，数学研究也集中在算术、代数和三角等方面。从地理位置与时间上来看，欧洲数学首先在意大利和德国崛起。德国人的主要贡献在天文学和三角学方面；由于受阿拉伯文明影响较早，意大利人的卓越之处在于代数学的发展；法国则直到 16 世纪末才显示出其力量。下面简要看一下 16 世纪最壮观的数学成就，即意大利数学家们关于三次、四次方程解法的研究。

自古巴比伦以来，东西方的数学家都开始探寻二次及其以上方程的解法，主要有三种方法：①构造高次方程的几何解；②计算其数值解；③推导其代数求根公式。中国宋元时期的数学家掌握了高次方程的数值解法，同时期的阿拉伯学者在三次方程的几何解法和数值解法方面取得了重要突破，但是在推导高次方程代数求根公式方面，直到 16 世纪上半叶才首先由意大利数学家们取得了突破性进展。当时最著名的代数学家之一卡尔达诺（Girolamo Cardano，1501～1576 年）于 1545 年在德国纽伦堡出版了一部关于代数学的拉丁文著作《大术》，该书共 40 章。

卡尔达诺在第一章的开始便表明代数方程这门学科来源于花拉子密和斐波那契的相关著作[69]。在第二章中，卡尔达诺给出了二次、三次方程在根与系数为正的前提下的 22 种分类，基本保持了花拉子密《代数学》的风格。其中前三种分类为：$N+ax=x^2$、$N=x^2+ax$、$N+x^2=ax$。随后，卡尔达诺在第五章中分别给出了公式解：

对于 $N+ax=x^2$，$x=\sqrt{N+\left(\frac{a}{2}\right)^2}+\frac{a}{2}$；

对于 $N=x^2+ax$，$x=\sqrt{N+\left(\frac{a}{2}\right)^2}-\frac{a}{2}$；

对于 $N+x^2=ax$，$x=\frac{a}{2}\pm\sqrt{\left(\frac{a}{2}\right)^2-N}$。

很明显，上述方程分类及公式解与《代数学》中完全相同。不仅如此，卡尔达诺对这三个公式解分别给出了几何模型说明，其中前两种方程的几何模型与图 2-2、图 2-5 完全相同，第三种方程的几何模型卡尔达诺则说明来自《几何原本》的命题V.2。在第 11～第 23 章，他介绍了三次方程的代数求解方法。

对于带有二次项的一元三次方程，通过变换总可以将二次项消去，从而变成 $x^3+px=q$ 或 $x^3=px+q$ $(p,q>0)$ 的形式。对于前者，卡尔达诺的解法实质上是考虑恒等式 $x^3+px=q\leftrightarrow(a-b)^3+3ab(a-b)=a^3-b^3$，则有 $3ab=p, a^3-b^3=q$，不难得 a 和 b：

$$a=\sqrt[3]{\frac{q}{2}+\sqrt{\left(\frac{q}{2}\right)^2+\left(\frac{p}{3}\right)^3}},\quad b=\sqrt[3]{-\frac{q}{2}+\sqrt{\left(\frac{q}{2}\right)^2+\left(\frac{p}{3}\right)^3}}$$

于是得到 $x=a-b$。

在讨论“立方等于一次项和常数”，即 $x^3 = px + q$ $(p,q>0)$ 的方程时，卡尔达诺呈现和证明了一个类似的法则—— $x = a + b$，其中

$$a=\sqrt[3]{\frac{q}{2}+\sqrt{\left(\frac{q}{2}\right)^2-\left(\frac{p}{3}\right)^3}},\quad b=\sqrt[3]{\frac{q}{2}-\sqrt{\left(\frac{q}{2}\right)^2-\left(\frac{p}{3}\right)^3}}。$$

他指出当 $\left(\frac{p}{3}\right)^3>\left(\frac{q}{2}\right)^2$ 时，无法开平方，但有时三次方程有明显的解，他只好利用一些特殊的方法。直到 1572 年，意大利数学家邦贝利（Rafael Bombelli，1526～1572 年）在其所著的教科书《代数》中引进了虚数，这个问题才得以解决。邦贝利的《代数》也成为文艺复兴时期意大利代数学发展的高峰。

卡尔达诺在给出三次、四次方程解法的同时，还附加了大量与方程求解有关的几何模型说明。例如，在对于三次方程 $x^3 + px = q$ 的几何证明[69]中，他以平面图形来表示立体图形，利用立体体积关系最终证明所给出方程解的代数表达式的正确性。卡尔达诺的这种证明方法可以认为是花拉子密二次方程几何模型在三维空间的推广，与中国古代立体图形的割补损益变换相似。卡尔达诺不仅给出不同类型三次方程的公式解，还讨论了由方程系数决定根的个数及根与根之间的关系问题。伊斯兰数学家谢拉夫丁·图西在 300 多年前对这个问题进行过类似的讨论，并对正根的存在性得出了相同的判别标准，但是卡尔达诺讨论了负数，所以他比伊斯兰数学家提供了更多的信息。在书的最后，由卡尔达诺的学生费拉里（Ferrari Lodovico，1522～1565 年）解决了四次方程的代数求解，也被写进了《大术》一书中。

卡尔达诺的《大术》体现了很多自花拉子密以来的伊斯兰代数理论传统，标志着超越欧洲当时所研究的伊斯兰代数之后的首次实质性进步。

第六章

结　语

伊斯兰数学的思想渊源问题是中世纪伊斯兰数学研究中的一个重要问题，学界对此众说纷纭、百家争鸣。传统的观点认为其主要来源于古希腊、印度、古巴比伦、古埃及数学等。而对于中国古代数学和伊斯兰数学之间的关系则研究的相对较少。数学史家钱宝琮和科学史家李约瑟等则主要从文献考证方面提出中国古代数学可能在诸多方面影响到伊斯兰数学[70, 71]。概括地说，伊斯兰数学并非某一传统数学思想的延伸、发展，而是多民族文化传统的融合。全面探究伊斯兰数学的思想渊源问题是一项烦琐的工作。

在本书中，笔者以《代数学》这本方程著作为切入点，做了一些初步的工作。通过比较可以得出，《代数学》在具体内容上保留了大量的印度数学特点，甚至许多内容在印度数学中可以直接找到出处。从宏观角度看，《代数学》体现了以中国、印度为代表的东方数学特点：寓理于算的算法化倾向、实用性特点、数值化特征及用以“出入相补”原理为基础的几何模型来解释算法。这些都与中国古代数学的传统特征吻合。

公元 9 世纪初，伊斯兰代数学是在东方数学算法传统与古希腊数学演绎传统的交汇融合中产生的，最早可以追溯到花拉子密的《代数学》。该书确立了后世方程化简与方程求解两条主要的发展脉络。经过历代伊斯兰数学家们的努力，到 15 世纪初，他们已经在多项式理论和方程求解领域取得了长足的进步。其中部分数学成就传入欧洲，为文艺复兴后近现代数学的产生奠定了基础。至今，代数学在众多分支领域仍表现出强大的生命力。

西方学者通常认为中国古代数学没有对世界数学，特别是近现代数学主流，产生多大影响。我们的分析则对此持否定态度。也许中国古代数学没有直接影响到欧洲数学，但是通过中世纪伊斯兰数学可能对后来欧洲数学的发展间接地起到过一定的促进作用。

《代数学》中数学内容的东方背景吸引了学者们的关注。从《代数学》中，我们挖掘到很多与中国数学类似的问题。《代数学》的数学内容也隐含了一些最终可能来自中国的思想。但是相似不能代表同源，要得出公认的推断，仅仅通过《代数学》这一本文献是不够的，还需要更多文献及历史史料的支持。吴文俊“丝路基金”设立的宗旨就是希望进一步发掘中国古代数学与天文学遗产，澄清古代中国与亚洲各国（特别是沿丝绸之路各文明）的数学与天文学交流情况，探明近代数学的源流，并由此揭开东方数学成果是如何从中国沿着“丝绸之路”经过阿拉伯传往欧洲的谜底。[72]从这个角度来看，本书的成果对伊斯兰数学的深入研究及揭示中阿数学交往都提供了有价值的线索。

随着近些年对新史料的整理与解读，学者们对伊斯兰代数学进行深入研究成为可能。这在弥补以往传统数学史研究中缺失的环节、不同古代数学文明相似内容的比较、不同文明数学发展规律的相互借鉴、重新审视各文明的数学成就等方面均有重要意义。接下来对伊斯兰数学的进一步深入研究也使实现全球化视角下的数学史研究，以及最终揭示以中国古典数学为代表的东方数学对于世界主流数学发展的影响等成为可能。但同时我们也应清醒地认识到，语言和史料等方面的限制导致这一研究必定是一个漫长的过程。

附　录

花拉子密《代数学》汉译

附录部分为花拉子密著《代数学》的中文翻译，笔者翻译的底本是拉希德2009年出版专著[17]中的阿拉伯文部分。

还原与对消之书

穆罕默德·伊本·穆萨·花拉子密　著

在那些流逝的岁月和消逝的国家中，先哲们在科学的各个领域和知识的各个分支内著书立说，为后继者提供思想的指导，希望获得与他们能力相匹配的回报，并相信他们的努力最终会得到认可、关注与纪念——即使只得到少许的赞扬，他们也会感到满足。“少”是相对于他们在揭开科学的秘密和奥妙的过程中曾遭遇的困难与曾忍受的痛苦而言的。他们中的有些人致力于获取未被前人所知的知识并将其流传后世；有些人注解前人著作中高深的部分，确立更好的研究方法，使科学不再遥不可及；有些人发现了前人著作中的谬误，理顺了令人困惑的部分，调整了不合常规的顺序，订正了同侪著作中的错误，但并未因此妄自尊大。

马蒙对学者们友善谦逊，广施恩庇，并支持他们阐明先人著作中的微言大义，勘正舛误——所有这些激励我创作了一部关于还原与对消计算的短篇论著。其内容仅限于算术中最简单、最有用的部分。这些内容人们在日常事务的处理中经常会用到，如财产继承、遗产分配、法律诉讼、商品贸易，或者丈量土地、开挖沟渠、几何计算。凡此种种，不一而足。著书的目的出于善意，我希望能够得到学者们的鼓励。

当观察人们在计算时需要什么时，我发现全部都是数字；而且我还发现所有的数字均由单位一构成，单位一位于所有的数字中。我发现（从一）到十的每个数字，相邻数字间依次增加单位一。因此将一二倍和三倍，便得到数字二和三，直至得到数字十。将十视为单位一，随后像对单位一那样，将十二倍和三倍，得到二十和三十，直至得到数字一百。随后像对单位一和十那样，将一百二倍和三倍，得到二百和三百，直至得到数字一千。类似的，将数字一千也重复上面的过程，直到得到可感知的数字（极限）。

我发现，还原与对消计算过程中所需要的数字有三种类型，即根、平方和与根及平方均无关的简单数字（简称数）。

在这几种类型中，根是可以与自身相乘的任何物，可以是单位一，可以是比它大的数字，也可以是比其小的分数；平方是任意根自乘的结果；简单数字是与根或平方均无关的所能说出的任意数字。

简 单 方 程

在这三种类型的数字中，其中（任）一种可以等于另一种，如平方等于根、平方等于数或者根等于数。[①]

至于平方等于根的情况，如果一个平方等于其根的五倍，则平方的根等于五，平方等于二十五，它等于其根的五倍；或者说，平方的三分之一等于其根的四倍，则整个平方等于根的十二倍，等于一百四十四，则其根等于十二；或者说：平方的五倍等于根的十倍，则一倍的平方等于根的二倍，则平方的根等于二，平方等于四。按照这种方式，无论平方是多于还是少于一倍的平方，均可将其化为一倍的平方。[②] 类似的，将与其相等的根进行相同的处理，即将其缩减与平方缩减相同的倍数。

至于平方等于数的情况，如一倍的平方等于九，此即为平方的值，其根为三；又如，平方的五倍等于八十，则一倍的平方等于八十的五分之一，即十六；

① $ax^2=bx$，$ax^2=c$，$bx=c$ ——附录部分页下注均为译者所加。

② 这一类型的例题相当于 $x^2=5x\longrightarrow x=5\rightarrow x^2=25$; $\frac{1}{3}x^2=4x\longrightarrow x^2=12x\longrightarrow x=12\longrightarrow x^2=144$; $5x^2=10x\longrightarrow x^2=2x\longrightarrow x=2\longrightarrow x^2=4$。此类型问题的一般解法相当于：$ax^2=bx\longrightarrow x^2=\frac{b}{a}x\longrightarrow x=\frac{b}{a}\longrightarrow x^2=\left(\frac{b}{a}\right)^2$，其中仅考虑方程的正根。

再如，平方的二分之一等于十八，则一倍的平方等于三十六，其根为六。

因此对于所有的平方，无论是其大于（一倍的平方）还是小于（一倍的平方），均可以化为一倍的平方。若它小于一倍的平方，则将其增加直至化为一倍的平方，同时要对与其相等的数进行相同的处理。①

至于根等于数的情况，如根等于数字三，则根为三，其平方为九；又如，根的四倍等于二十，则一倍的根等于五，其构成的平方为二十五；再如，根的二分之一等于十，则一倍的根等于二十，由其所得平方为四百。②

复合三项式方程

我发现这三种类型——根、平方和数，其中一种可以和另一种进行复合，得到三种类型的复合（方程），即平方加上根等于数、平方加上数等于根、根加上数等于平方。③

至于平方加上根等于数的情况，如平方加上根的十倍等于三十九，其意思是将一倍平方加上等于其十倍根（的量）所得之和为三十九。

解题过程：将根的数④取半，在本题中其为五；将其自乘，得到二十五；将其加上三十九，得到六十四；取其根，得到八，从其中减去根的数的二分之一，即五，则剩余三，此即所要求的根，且平方为九。⑤

类似的，如果有平方的二倍、三倍，或者更多（倍）、更少（倍），此时将

① 此类型的例题相当于 $x^2=9\longrightarrow x=3$; $5x^2=80\longrightarrow x^2=16\longrightarrow x=4$; $\frac{1}{2}x^2=18\longrightarrow x^2=36\longrightarrow x=6$。

此类型问题的一般解法相当于 $ax^2=c\longrightarrow x^2=\frac{c}{a}\longrightarrow x=\sqrt{\frac{c}{a}}$，其中仅考虑方程的正根。

② 此类型的例题相当于 $x=3\longrightarrow x^2=9$; $4x=20\longrightarrow x=5\longrightarrow x^2=25$; $\frac{1}{2}x=10\longrightarrow x=20\longrightarrow x^2=400$。

③ $ax^2+bx=c$；$ax^2+c=bx$；$bx+c=ax^2$。

④ 此处将原文“根”译为“根的数”，其相当于一次项系数。

⑤ 此例题相当于：$x^2+10x=39\longrightarrow(x+5)^2=x^2+10x+25=39+25=64\longrightarrow x+5=8\longrightarrow x=3$，$x^2=9$，其中仅考虑方程的正根。

其化为一倍的平方，同样将与其在一起的根和数进行与对平方相同的化简。

例如，平方的二倍加上根的十倍等于四十八。它的意思是，将平方的二倍加上等于根的十倍（的量），得到四十八。因此我们必须将平方的二倍化为一倍的平方；已经知道一倍的平方是平方的二倍的二分之一，则将此问题中所有的物均化为其二分之一。这样就化为前面已经说过的（类似问题）：一倍的平方加上根的五倍等于二十四。它的意思是，将任意平方加上其根的五倍得到二十四。

若将根的数取半，得到二又二分之一；将其自乘，得到六又四分之一；将其加上二十四，得到三十又四分之一；取其根，得到五又二分之一；从其中减去根的数的二分之一，即二又二分之一，剩余三。此即为平方的根，平方为九。①

又如，平方的二分之一加上其根的五倍等于二十八。它的意思是，对于任意平方，若将其二分之一加上等于其根的五倍（的量）得到二十八。

因此，将平方补全得到一个完整的平方需要将其加倍。将平方加倍，且将与其相加的（根）及与其和（二者和）相等（的数）均加倍，得到一倍的平方加上其根的十倍等于五十六。将根的数取半得到五，将其自乘，得到二十五；加上五十六，得到八十一；取其根，得到九；从其中减去根的数的二分之一，即五，剩余四。此即为所求平方的根，平方为十六，其二分之一为八。②

按照这种做法，无论你遇到何种平方加上根等于数的情况，都可以得到正确的答案。③

---

① 这道例题相当于 $2x^2+10x=48 \longrightarrow x^2+5x=24 \longrightarrow \left(x+\frac{5}{2}\right)^2=x^2+5x+\frac{25}{4}=24+\frac{25}{4}=\frac{121}{4} \longrightarrow x+\frac{5}{2}=\frac{11}{2} \longrightarrow x=3,\ x^2=9$。

② 这道例题相当于 $\frac{1}{2}x^2+5x=28 \longrightarrow x^2+10x=56 \longrightarrow (x+5)^2=x^2+10x+25=56+25=81 \longrightarrow x+5=9 \longrightarrow x=4,\ x^2=16,\ \frac{1}{2}x^2=8$。

③ 这种类型问题的一般解法为：$ax^2+bx=c \longrightarrow x^2+\frac{b}{a}x=\frac{c}{a} \longrightarrow \left(x+\frac{b}{2a}\right)^2=x^2+\frac{b}{a}x+\frac{b^2}{4a^2}=\frac{c}{a}+\frac{b^2}{4a^2}=\frac{4ac+b^2}{4a^2} \longrightarrow x=\frac{\sqrt{b^2+4ac}-b}{2a}(a>0,\ b>0,\ c>0)$，花拉子密仅考虑正根。

至于平方加上数等于根的情况，当你说“一倍的平方加上二十一等于其根的十倍”，其意思是说你将任意的平方加上二十一，所得之和等于此平方的根的十倍。

解题过程：将根的数取半得到五；将其自乘得到二十五；从其中减去前面提到的与平方相加的数字二十一，剩余四；取其根，得到二；将其从根的数的二分之一（即五）中减去，剩余三，即为所要求平方的根，平方为九。

如果你愿意，也可以将根加上根的数的二分之一，得到七，其（同样）是所要求平方的根，平方为四十九。如果你遇到利用这种方法来求解的问题，首先可利用加法来检验答案，如果加法不行，则减法一定可以。对于这道题，加法和减法均可，但是利用根的数的二分之一来求解的三种类型问题的剩余（两种）不适用此法。①

你知道，若在这一过程中将根的数取半，然后将其自乘，所得为小于与平方相加的数时，则此问题无解；若其等于此数时，则此平方的根恰好等于根的数的二分之一。②

当遇到所有的二倍平方，或者更多、更少的情况，按照我们在第一种类型问题解题过程中展示的方法将其化为一倍的平方。

至于根加上数等于平方的情况，如根的三倍加上数字四等于根的平方。

解题过程：将根的数取半，得到一又二分之一；将其自乘，得到二又四分之一；加上四，得到六又四分之一；取其根得到二又二分之一；将其加上根的数的

---

① 这种类型方程的一般形式为 $ax^2+c=bx$。这道例题相当于 $x^2+21=10x$。这道例题的两个根均为正，花拉子密同时得到两个答案，分别为 $(5-x)^2=25-10x+x^2=25-21=4\longrightarrow 5-x=2\longrightarrow x=3$；$(x-5)^2=x^2-10x+25=x^2-x^2-21+25=4\longrightarrow x-5=2\longrightarrow x=7$。

② 花拉子密在此处讨论了方程解的情况，相当于 $x^2+c=bx\longrightarrow\left(x-\frac{b}{2}\right)^2=\left(\frac{b}{2}\right)^2-c$。

1. 若 $\left(\frac{b}{2}\right)^2>c$，方程有两个正根，$x=\frac{b}{2}\pm\sqrt{\left(\frac{b}{2}\right)^2-c}$；

2. 若 $\left(\frac{b}{2}\right)^2=c$，方程有一个根，$x=\frac{b}{2}$；

3. 若 $\left(\frac{b}{2}\right)^2<c$，方程无解。

二分之一，即一又二分之一，得到四，此即为平方的根，平方为十六。[①]

对于所有的大于一倍的平方，或小于（一倍的平方）的情况，须将其化为一倍的平方。

这就是我在本书第一部分提到的六种类型（的方程）。我已经完整地解释过了，并且指出其中有三种类型（的方程在求解时）不需要取根的数的二分之一，且我已经介绍了它们必要的解题过程。

至于剩余三种类型（方程）的解题过程，则需要取根的数的二分之一，我已经描述了其正确的解题过程，且（在下文）为每个解题过程绘制了一幅图以解释取其二分之一的原因。

至于平方加上十倍的根等于三十九（解题过程）的原因是：

其相关图形是一个边长未知的正方形平面，此即为要求的平方，且你也要求出其根，此处为（正方形）平面 AB；它的每条边即为其根，如果将其中的一条边乘以任意数，则此数可以被视为（与平方相加的）根的数，其中每个根等于（正方形）平面的根。

因此可以说：这道题中与平面相加的是其根的十倍，取十的四分之一，得到二又二分之一。将这四份中的每份与（原）正方形平面的每条边结合在一起，便会得到与第一个平面，即（正方形）平面 AB，在一起的四个相等的平面，其每个平面的长与（正方形）平面 AB 的根相等，其宽均为二又二分之一，设它们分别为平面 H、I、K、C。因此得到一个边长相等且未知的平面，在其四个角上均缺少一个（面积为）二又二分之一乘以二又二分之一（的正方形）。为了补全这个正方形平面，必须（将其）加上四倍的二又二分之一自乘的结果，其和为二十五。

我们已经知道第一个平面，即表示平方的平面，与其周围的四个（矩形）平面，即其根的十倍，（二者）之和等于三十九。若将其加上二十五，即位于

---

① 第三种类型方程的本道例题相当于 $3x+4=x^2 \longrightarrow 4=x^2-3x \longrightarrow \left(x-\frac{3}{2}\right)^2=x^2-3x+\left(\frac{3}{2}\right)^2=4+\frac{9}{4}=\frac{25}{4} \longrightarrow x-\frac{3}{2}=\frac{5}{2} \longrightarrow x=4$，$x^2=16$。

（正方形）平面 AB 角上的四个正方形（的面积），便会补全一个大正方形，即（正方形）平面 DE。现在知道它等于六十四，则其边长（即其根）为八。因此若从八中，即从大（正方形）平面 ED 边的两端，分别减去十的四分之一，即（共减去）五，其边长剩余三，此即为开始时（正方形）平面 AB 的边长，即平方的根。

前面将十倍的根取半，且将十的二分之一自乘，将（所得结果）加上数，即三十九，目的是补全最大的平面（DE）四个角上缺失的部分。这是由于对于任意数，将其四分之一自乘后再乘以四，其结果等于其二分之一自乘。因此用根的数的二分之一自乘来代替其四分之一自乘后再乘以四，如下图所示。[①]

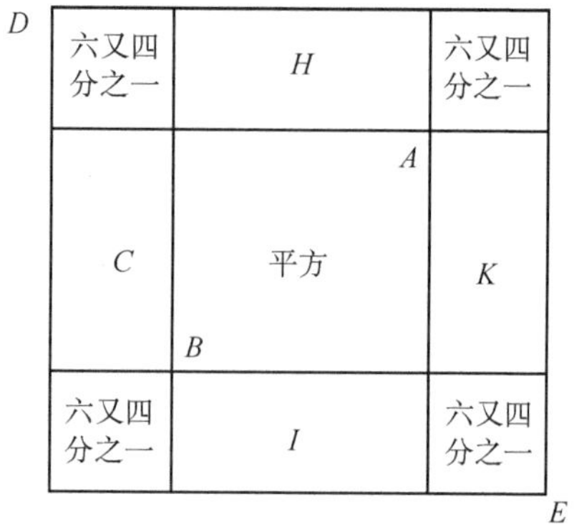

D

六又四分之一	H	六又四分之一
C	A 平方 B	K
六又四分之一	I	六又四分之一

E

同样还有一幅图可以推出这样的结果：设（正方形）平面 AB 为平方，想将其加上其根的十倍。将十取半，得到五，在（正方形）平面 AB 的两边上作出两个平面，设它们分别为平面 C、N。其中每个平面的长均为五腕尺，即十倍根的二分之一[②]，其宽均为（正方形）平面 AB 的边长。（此时）在（正方形）平面 AB 的一个角处缺少了一个正方形，其（面积）为五乘以五，其（数字五）为十倍根的二分之一[③]，其中十倍的根将其加在第一个平面的两边上。知道第一个平面为平方，其两边上的两个平面之和为十倍的根，其全部之和为三十九。为了补

---

① 花拉子密给出此图相当于将方程 $x^2+bx=c$ 转化为 $\left(x+\frac{b}{2}\right)^2=\left(\frac{b}{2}\right)^2+c$，其中 $\left(\frac{b}{2}\right)^2=\left(\frac{b}{4}\right)^2\cdot 4$。

② 此处指的是根的数的二分之一。

③ 此处指的是根的数的二分之一。

全较大的（正方形）平面还剩余一个（面积为）五乘以五的正方形，其等于二十五。将其加上三十九便可以补全较大的（正方形）平面 *DE*。所有这些的和为六十四，取其根，得到八，此即较大平面的边长；若从中减去我们曾经加上的量，即五，剩余三，此即为（正方形）平面 *AB* 的边长，其中（正方形）平面 *AB* 为平方，则三为其根，平方为九。[①]如下图所示。

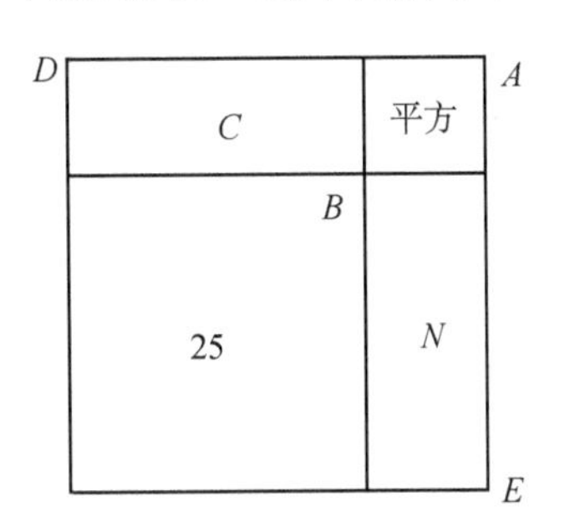

至于一倍的平方加上二十一等于其根的十倍的情况，解题过程如下。

假设平方为一个边长未知的正方形平面，设其为（正方形）平面 *AD*，给其加上一个矩形平面，其宽度与（正方形）平面 *AD* 的边长相等，不妨设为边 *EN*，（添加的矩形）平面为 *EB*。这两个平面的长连接起来为边 *CE*。已经知道其长度为十。对于任意一个正方形，如果将其一条边长乘以单位一，得此（正方形）平面的根；将其乘以二，得其根的二倍。用边 *CE* 上点 *H* 将其平分，从其出发至点 *I*（作线段）。明显有线段 *EH* 等于线段 *HC*，而且明显有线段 *HI* 等于线段 *CD*。将线段 *HI*（延长）增加一条直线段，其长度等于 *CH* 比 *HI* 长出的部分；为了得到正方形平面，则线段 *IK* 必须等于线段 *KM*；因此得到了边和角均相等的正方形平面，即（正方形）平面 *MI*。很明显得到的线段 *IK* 为五，且（正方形）平面 *MI* 的边均与之相等；因此它的面积为二十五，其等于根的数的二分之一自乘后的结果，即五乘以五，为二十五。

明显得到（矩形）平面 *BE* 为二十一，曾将其与平方相加；则利用线 *IK* 将（矩形）平面 *BE* 分隔开，其（指线段 *IK*）为（正方形）平面 *MI* 的一条

---

① 花拉子密给出此图相当于将方程 $x^2+bx=c$ 转化为 $\left(x+\frac{b}{2}\right)^2=\left(\frac{b}{2}\right)^2+c$。

边，得到（矩形）平面 EI，剩余（矩形）平面 IA。在线段 KM 上截取线段 KL，使其等于线段 HK；明显得到线段 IH 等于线段 ML；则在线段 MK 中剩余的线段 LK 等于线段 KH。故得到（矩形）平面 MG 等于（矩形）平面 IA；明显得到若将（矩形）平面 EI 加上（矩形）平面 MG，其等于（矩形）平面 EB，即二十一。但是（正方形）平面 MI 为二十五，则从（正方形）平面 MI 中减去（矩形）平面 EI 与（矩形）平面 MG，其二者之和为二十一，此时得到一个剩余的小平面，即（正方形）平面 GK，它等于二十五与二十一的差，即四，则其根为线段 GH，它同样等于线段 HA，二者均等于二。因此若将其从线段 HC，即根的数的二分之一中减去，剩余线段 AC 等于三，其为第一个平方的根；若将其加上线段 CH，即根的数的二分之一得到七，即线段 GC，它等于比这个平方大的（另一个）平方的根。若将其加上二十一便得到其根的十倍，如下图所示：

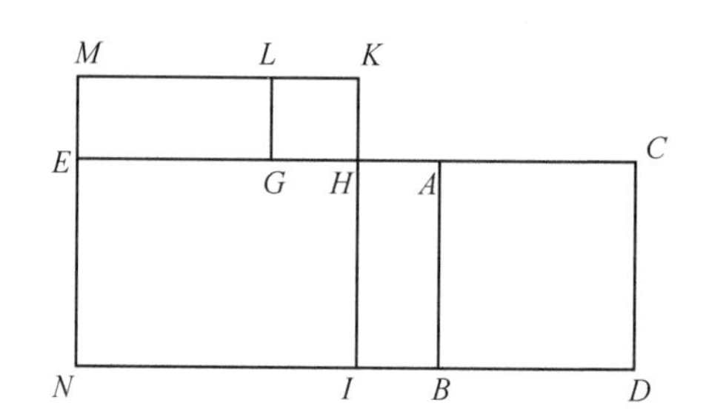

这就是我们想要说明的。

至于三倍的根加上数字四等于平方的情况，解题过程如下。

假设平方为一个边和角均相等且边长未知的正方形平面，设其为（正方形）平面 AD。如前所述，这个（正方形）平面是由根的三倍和四共同构成的。对于任意一个正方形平面，其一条边长（乘以）一等于其根。从（正方形）平面 AD 中截取平面 ED，设其一边 EC 等于三，即根的数，（同样）等于线段 GD。明显得到平面 EB 为加到根上的四。将线段 EC，其长为三，在点 H 处平分。随后从它[①]出发构

① 此处指 EC 中点 H。

造正方形，不妨设为（正方形）平面 *EI*。它等于根的数的二分之一——一又二分之一——自乘的结果，为二又四分之一。随后延长线段 *HI*，设其（延长的部分）为线段 *IL*，使其等于线段 *AE*，因此得到线段 *HL* 等于线段 *AH*，且线段 *KN* 等于线段 *IL*。因此得到一个边和角均相等的正方形平面，设其为（正方形）平面 *HM*。明显有线段 *AC* 等于线段 *EG*；且线段 *AH* 等于线段 *EN*，则有剩余的线段 *HC* 等于线段 *NG*，且线段 *MN* 等于线段 *IL*。在平面 *EB* 中，其中有一部分平面等于平面 *KL*；知道平面 *AG* 为与根的三倍相加的四。则得到平面 *AN* 与平面 *KL* 之和等于平面 *AG*，即数字四。明显有平面 *HM* 等于根的数的二分之一——一又二分之一——自乘的结果，等于二又四分之一，再加上四，即平面 *AN* 与平面 *KL* 之和。第一个正方形，即平面 *AD*，为一个完整的平方，在其一边上剩余的线段为根的数的二分之一——一又二分之一——其为线段 *HC*。若将其加上线段 *AH*，其为平面 *HM* 的根，等于二又二分之一，若将其加上线段 *HC*，其为三倍根的二分之一[①]，即一又二分之一，得到全部的和为四，它等于线段 *AC*，即平面 *AD* 所表示平方的根。这就是我们想要说明的。如下图所示。[②]

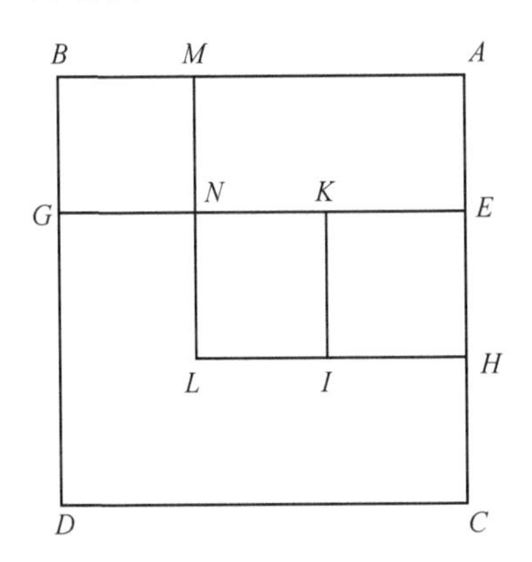

我们发现在利用还原与对消方法计算时，都会推导成前面介绍过的六种问题之一。我已经给出了它们完整的论述，记住它们吧。

① 此处指的是根的数的二分之一，即数字三的二分之一。

② 对于这类方程，当其仅有一个正根时，花拉子密给出此图相当于将方程 $x^2=bx+c$ 转化为 $\left(x-\frac{b}{2}\right)^2=\left(\frac{b}{2}\right)^2+c$。

乘 法 章[①]

在这部分，我将向你介绍如何在物，即根，之间进行乘法运算。它们[②]可能是单独的，可能是与数字加在一起的，可能是从中减去一个数字的，可能是从数字中将其减去的；以及如何将它们相加或相减。

我们知道，将任一数字乘以任一数字，即为将其中一个数字累加[③]，其（累加）次数等于另一个数字中所含单位一的数目。

如果有十位数字加上个位数字或者从中减去个位数字，则它们之间的乘法运算需要进行四次：十位数与十位数相乘、十位数与个位数相乘、个位数与十位数相乘、个位数与个位数相乘。如果与十位数在一起的（两个）个位数均为相加的，则第四次乘法运算（的结果）是加上的；且若均为减去的，则第四次乘法运算（的结果）也是加上的；若一个为加上的而另一个为减去的，则第四次乘法运算（的结果）为减去的。例如，十加上一乘以十加上二，则十乘以十得到一百，一乘以十得到加上的十，二乘以十得到加上的二十，一乘以二得到加上的二，则全部（这些积之和）为一百三十二。若十减去一乘以十减去一，则十乘以十得到一百，减去的一乘以十得到减去的十，减去的一同样乘以十得到减去的十，则得到八十。且减去的一乘以减去的一得到加上的一，则得到八十一。若十加上二乘以十减去一：十乘以十得到一百，减去的一乘以十得到减去的十，加上的二乘以十得到加上的二十，则得到一百一十，且加上的二乘以减去的一得到减去的二，则全部为一百〇八。

我向大家展示这些有助于（理解）接下来物与物之间的乘法运算，它们可能与数相加，或者将其从数中减去，或者从其中减去数字。

---

① 本章的目的是教给读者形如$(ax \pm b)(cx \pm d)$的二项式间的乘法运算，其涉及的例题依次为$(10a+b)(10c+d)$、$(10+1)(10+2)$、$(10-1)(10-1)$、$(10+2)(10-1)$、$(10-x)\cdot 10$、$(10+x)\cdot 10$、$(10+x)(10+x)$、$(10-x)(10-x)$、$\left(1-\frac{1}{6}\right)\left(1-\frac{1}{6}\right)$、$(10+x)(10-x)$、$(10-x)\cdot x$、$(10+x)(x-10)$、$\left(10+\frac{1}{2}x\right)\left(\frac{1}{2}-5x\right)$、$(10+x)(x-10)$。

② 相当于今天的一次项。

③ 此处原文字面意思为“加倍”。

若有人说：十减去物乘以十，其中“物”的意思即为根，则将十乘以十得到一百，用减去的物乘以十得到减去的十倍物，则说一百减去十倍的物。

若有人说：十加上物乘以十，则将十乘以十得到一百，物乘以十得到加上的十倍物，则得到一百加上十倍的物。

若有人说：十加上物自乘，则说十乘以十得到一百，十乘以物得到十倍的物，十乘以物同样得到十倍的物，物乘以物得到加上的平方。因此有一百加上二十倍的物加上一倍的平方。

若有人说：将十减去物乘以十减去物，则说十乘以十得到一百，用减去的物乘以十得到减去的十倍物，且用减去的物乘以十得到减去的十倍物，且减去的物乘以减去的物得到加上的平方。因此有一百加上平方减去二十倍的物。

若有人说：一减去六分之一乘以一减去六分之一，有六分之五自乘，其为一（等分）三十六份中的二十五份，即三分之二加上六分之一的六分之一。因此推导过程为：将一乘以一，得到一，用减去的六分之一乘以一得到减去的六分之一，且用减去的六分之一乘以一等于减去的六分之一，剩余三分之二；用减去的六分之一乘以减去的六分之一得到加上的六分之一的六分之一，则其为三分之二加上六分之一的六分之一。

若有人说：十减去物乘以十加上物，则说十乘以十得到一百，且用减去的物乘以十得到减去的十倍物，且物乘以十得到加上的十倍物，且减去的物乘以物得到减去物的平方，则得到一百减去物的平方。

若有人说：十减去物乘以物，则说十乘以物得到十倍的物，且用减去的物乘以物得到减去物的平方，因此得到十倍的物减去物的平方。

若有人说：十加上物乘以物减去十，则说物乘以十得到加上的十倍物，物乘以物得到加上的平方，且用减去的十乘以十得到减去的一百，且用减去的十乘以物得到减去的十倍物，则有一倍的平方减去一百。这是通过化简得到的，其过程是将加上的十倍物与减去的十倍物消去，则剩余一倍的平方减去一百。

若有人说：十加上二分之一的物乘以二分之一减去五倍的物，则说二分之一乘以十得到加上的五，二分之一乘以二分之一的物得到加上的四分之一的物，且用减去的五倍的物乘以十得到减去的五十倍的物。此时得到的所有这些的和为五减去四十九倍的物与四分之三的物之和。随后将减去的五倍的物乘以加上的二分之一的物，得到减去的平方的二倍加上平方的二分之一，则有五减去平方的二倍与（平方的二分之一之和）减去四十九倍的物与四分之三的物（之和）。

若有人说：十加上物乘以物减去十，也可以说是物加上十乘以物减去十。你说物乘以物得到加上的平方，且十乘以物得到加上的十倍物；用减去的十乘以物得到减去的十倍物，加上的与减去的相消，剩余平方；用减去的十乘以十得到与平方相减的一百；则全部这些之和为平方减去一百。

对于所有的通过乘法运算得到的加上的（项）和减去的（项），减去的（项）通常要写在乘积的最后。

加法和减法章[①]

知道二百的根减去十加上二十减去二百的根，等于十。

二百的根减去十，将其从二十减去二百的根中减去，等于三十减去二百的根的二倍；其中二百的根的二倍等于八百的根。

一百加上根的平方减去二十倍的根，将其加上五十加上十倍的根减去平方的二倍，等于一百五十减去根的平方再减去十倍的根。

一百加上根的平方减去二十倍的根，从其中减去五十加上十倍的根减去二倍的根的平方，等于五十加上三倍的根的平方再减去三十倍的根。

---

① 本章主要讲述的是相当于如今所称的有理或无理量之间的加减法运算，其涉及的例题依次为$\left(\sqrt{200}-10\right)+\left(20-\sqrt{200}\right)$、$\left(20-\sqrt{200}\right)-\left(\sqrt{200}-10\right)$、$\left(100+x^2-20x\right)+\left(50+10x-2x^2\right)$、$\left(100+x^2-20x\right)-\left(50+10x-2x^2\right)$、$nx=n\sqrt{x^2}=\sqrt{n^2x^2}$、$2\sqrt{a}=\sqrt{2\times2\times a}=\sqrt{2^2\times a}$、$3\sqrt{a}=\sqrt{3\times3\times a}=\sqrt{3^2\times a}$、$n\sqrt{a}=\sqrt{n^2a}$、$\frac{1}{2}\sqrt{a}=\sqrt{\frac{1}{2}\times\frac{1}{2}\times a}=\sqrt{\left(\frac{1}{2}\right)^2\times a}$、$\frac{p}{q}\sqrt{a}=\sqrt{\left(\frac{p}{q}\right)^2a}$、$2\sqrt{9}=\sqrt{4\times9}=\sqrt{36}=6$、$3\sqrt{9}=\sqrt{9\times9}=\sqrt{81}=9$、$\frac{1}{2}\sqrt{9}=\sqrt{\frac{1}{4}\times9}=\sqrt{2+\frac{1}{4}}=1+\frac{1}{2}$。

后面我会用图形向你解释这样做的原因。

我们知道，对于任意平方的根，无论它是有理的还是无理的，若要将其加倍（此处要将其加倍的意思是将其乘以二），必须将二乘以二再乘以这个平方，所得乘积的根即为这个平方的根的二倍。

若想求其三倍，则将三乘以三再乘以这个根的平方，则所得乘积的根即为第一个平方的根的三倍。类似的，对于更大或更小倍数（的计算），你都可以通过这个例子推导出来。

若要取某一倍平方的根的二分之一，则必须将二分之一乘以二分之一得到四分之一，随后再乘以此平方，则所得乘积的根即为此平方的根的二分之一。

这种方法同样适用于求根的三分之一或者四分之一，或者是更大、更小的量。

例题：若将九的根加倍，将二乘以二再乘以九，得到三十六；取其根得到六，此即为九的根的二倍。类似的，若要求九的根的三倍，将三乘以三再乘以九，得到八十一，其根为九，此即为九的根的三倍。

若要求九的根的二分之一，将二分之一乘以二分之一得到四分之一，随后再将四分之一乘以九得到二又四分之一；取其根得到一又二分之一，此即为九的根的二分之一。

类似的，这种方法适用于求任意的（根式）有理的或是无理的更大、更小（的倍数）。

根的除法和乘法章[①]

若要求九的根除以四的根，将九除以四，得到二又四分之一，其根即为所要求的，即一又二分之一。

---

① 本章中涉及的例题依次为 $\frac{\sqrt{9}}{\sqrt{4}}=\sqrt{\frac{9}{4}}=\sqrt{2\frac{1}{4}}=1\frac{1}{2}$、$\frac{\sqrt{4}}{\sqrt{9}}=\sqrt{\frac{4}{9}}=\frac{2}{3}$、$\frac{2\sqrt{9}}{\sqrt{4}}=\frac{\sqrt{4\times 9}}{\sqrt{4}}=\sqrt{\frac{4\times 9}{4}}=\sqrt{9}$、$\frac{2\sqrt{9}}{\sqrt{a}}=\frac{\sqrt{4\times 9}}{\sqrt{a}}=\sqrt{\frac{4\times 9}{a}}$、$\frac{n\sqrt{a}}{\sqrt{b}}=\frac{\sqrt{n^2a}}{\sqrt{b}}=\sqrt{\frac{n^2a}{b}}$、$\frac{\frac{p}{q}\sqrt{a}}{\sqrt{b}}=\frac{\sqrt{\left(\frac{p}{q}\right)^2\cdot a}}{\sqrt{b}}=\sqrt{\frac{\left(\frac{p}{q}\right)^2\cdot a}{b}}$。

若要求四的根除以九的根，将四除以九，得到（单位）一的九分之四，其根即为所要求的，即（单位）一的三分之二。

若要求九的根的二倍除以四的根或者除以其他平方的根，此时按照当在（前面）处理乘法运算时我们向你展示的方法将九的根加倍；将所得结果除以四，或者除以（任意的）所要除的数；其余的步骤同前。

类似的，若要求将九的根的三倍或是更多（的倍数），或是九的根的二分之一，或是更少（的倍数），或是任意一个平方的根进行除法运算，其余的步骤同此例题，这样就会得到正确的答案。

若要求九的根乘以四的根，将九乘以四得到三十六，取其根得到六，此即为九的根乘以四的根。

类似的，若要求将五的根乘以十的根，则将五乘以十，所得结果的根即为所求。

若要求三分之一的根乘以二分之一的根，将三分之一乘以二分之一，得到六分之一，则六分之一的根即为三分之一的根乘以二分之一的根。

若要将九的根的二倍乘以四的根的三倍，首先选取九的根的二倍，按照我描述的方法，直至求出以其为根的平方是多少；按照同样的方法计算四的根的三倍，直至求出以其为根的平方。随后将两个平方中的一个乘以另一个，所得乘积的根即为九的根的二倍乘以四的根的三倍。

类似的，对于更多根或是更少根的情况，均可以按照这道例题的方法来计算。[①]

至于问题二百的根减去十，加上二十减去二百的根，如下图所示：

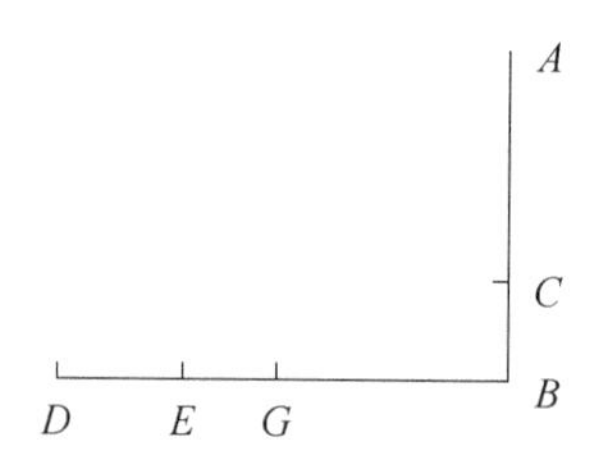

线段 AB 为二百的根，点 A 到点 C 为十，在二百的根中剩余的部分，即线段 AB 中剩余的部分为线段 CB。随后作线段 BD。这条线段长二十，即线段 AC

---

① 上面的例题相当于 $\sqrt{9}\times\sqrt{4}=\sqrt{9\times4}=\sqrt{36}=6$、$\sqrt{5}\times\sqrt{10}=\sqrt{5\times10}=\sqrt{50}$、$\sqrt{\frac{1}{3}}\times\sqrt{\frac{1}{2}}=\sqrt{\frac{1}{3}\times\frac{1}{2}}=\sqrt{\frac{1}{6}}$、$2\sqrt{9}\times3\sqrt{4}=\sqrt{4\times9}\times\sqrt{4\times9}=\sqrt{36^2}$ 、$m\sqrt{a}\cdot n\sqrt{b}=\sqrt{m^2a}\cdot\sqrt{n^2\cdot b}=\sqrt{m^2\cdot a\cdot n^2\cdot b}$ 。

的二倍，其中 AC 为十；作线段 BE 等于线段 AB，其同样为二百的根；则二十中剩余的部分为从点 E 到点 D。因为我们要求将二百的根中取走十后剩余的部分，即线段 BC，加上线段 ED，即二十减去二百的根，则在线段 BE 上截取线段 GE，使其等于线段 CB。此时明显有线段 AB——二百的根——等于线段 BE；且线段 AC，即十，等于线段 BG，则线段 AB 中剩余的部分，即 CB，等于线段 BE 中剩余的部分，即 GE。将线段 ED 加上线段 GE，很明显它相当于从线段 BD（即二十）中减去与线段 AC（即与十）相等的线段，即线段 BG，剩余即为线段 GD，其为十；这就是我想要说明的。[①]

至于问题二百的根减去十，将其从二十减去二百的根中减去，如下图所示：

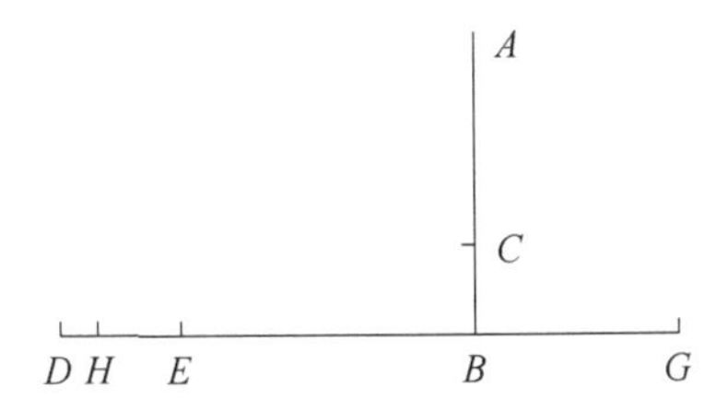

线段 AB 为二百的根，从点 A 到点 C 为十，这是已知的。从点 B 作线段 BD，使其为二十。从点 B 到点 E，设（此线段）与表示二百的根的线段相等，其等于线段 AB。明显线段 CB 为从二百的根中减去十后剩余的部分，线段 ED 为从二十中减去二百的根后剩余的部分。想要将线段 CB 从线段 ED 中减去，则从点 B 作线段 BG，使其等于线段 AC，即十。则此时整个线段 GD 等于线段 GB 加上线段 BD，此时明显有其全长为三十。从线段 ED 中，截取（一条线段）等于线段 CB，其为线段 EH。明显有线段 HD 为整个线段 GD，即三十中，剩余的部分；明显有线段 BE 为二百的根，线段 GB 加上线段 BC 同样为二百的根。由于线段 EH 等于线段 CB，明显从线段 GD，即三十中，减去的为二百的根的二倍。二百的根的二倍为八百的根，这就是我们想要说明的。[②]

---

① 图示的证明相当于 $\left(\sqrt{200}-10\right)+\left(20-\sqrt{200}\right)=10$，$\left(BA-AC\right)+\left(DB-BE\right)=EG+ED=DG$。

② 图示的证明相当于 $\left(20-\sqrt{200}\right)-\left(\sqrt{200}-10\right)=30-2\sqrt{200}, ED-CB=ED-EH=HD=DG-\left(GB+BE+EH\right)=DG-\left(AC+BC+BE\right)=\left(DB+BG\right)-\left(AC+BC+BE\right)$；此时有 $DH=30-\left(\sqrt{200}+\sqrt{200}\right)=30-2\sqrt{200}$。

至于问题一百加上平方减去二十倍的根，将其加上五十再加上十倍的根减去平方的二倍。由于它是由平方、根和数三种不同的类构成，故没有适合它的图形，即没有与之对应的图形且（在此题中）将它们组合起来。我们试图去为它们作出的图均不能准确地反映它们，但是用语言表述是必要的。考虑到你知道将一百加上平方减去二十倍的根，将其加上五十再加上十倍的根，得到一百五十加上平方减去十倍的根，这是由于这个加上的十倍根已经还原了减去的二十倍根中十倍的根，则剩余一百五十加上平方减去十倍的根；且与一百相加的有一个平方，若从一百加上平方中减去从五十中减掉的二倍平方，其中一个平方会与另一个平方消去，且会剩余一个平方，因此得到一百五十减去平方再减去十倍的根，这就是我想要说明的。[①]

六道例题章[②]

在计算章之前，我先要介绍六道例题。它们是我在前面介绍过的六类问题的例题。我已经提到过，还原与对消计算问题都必然会导致它们中的一种。这些例题使得它们更容易被理解。

六道例题中的第一道

例如，当你说将十分为两部分，将其中一部分乘以另一部分，将其中一部分自乘，该乘积是其中一部分与另一部分乘积的四倍。[③]

解题过程：设其中一部分为物，另一部分为十减去物，则将物乘以十减去物，得到十倍的物减去平方；接下来将其乘以四，这是前面说过的四倍，即为其中一部分与另一部分乘积的四倍，则其为四十倍的物减去四倍的平方。随后

---

① $\left(100+x^2-20x\right)+\left(50+10x-2x^2\right)=150-10x-x^2$，将 $(50+10x)$ 加上 $\left(100+x^2-20x\right)$ 得到 $\left(150+x^2-10x\right)$，但是由于 $100+x^2-2x^2=100-x^2$，通过减法运算，得到 $150-x^2-10x$ 。

② 在本章，花拉子密给出了六道例题，经过化简可以得到前面介绍过的二次方程的六种不同类型。这些题目主要是处理将数字 10 分为两部分的问题，即若设这两部分分别为 x 和 y，则有 $x+y=10$，其中二者均为正数，其解题过程均采用代数形式进行。

③ $x^2=4x\cdot(10-x)\longrightarrow x^2=8x\longrightarrow x=8, (10-x)=2$ 。其化简后方程的基本类型为 $ax^2=bx$ 。

将物乘以物，则有平方等于四十倍的物减去四倍的平方。将四倍的平方还原，即将其加上平方，得到四十倍的物等于五倍的平方，则有一倍的平方等于八倍的物，它（即平方）为六十四，其根为八；此即为自乘的那部分，十中的剩余部分为二，此即为另一部分。

这个问题引出六类问题之一——平方等于根。

六道例题中的第二道

将十分为两部分，且将每一部分自乘，随后将十自乘，则将十自乘的结果等于其中一部分自乘结果的二倍加上九分之七；或者等于另一部分自乘结果的六倍加上四分之一。①

解题过程：设其中一部分为物，另一部分为十减去物，将物自乘得到平方，接下来乘以二又九分之七，得到二倍的平方加上九分之七倍的平方。随后将十自乘，有一百等于二倍的平方加上九分之七倍的平方。将其化为一倍的平方，（取其）二十五份中的九份，即五分之一加上五分之一的五分之四；则取一百的五分之一加上其五分之一的五分之四，得到三十六等于平方，取其根为六，此即为两部分之一的值，另一部分必然为四。

这个问题引出六类问题之一——平方等于数。

六道例题中的第三道

将十分为两部分，随后将其中一部分除以另一部分，得到的商为四。②

解题过程：设一部分为物，则另一部分为十减去物，随后将十减去物除以

---

① $10^2=\left(2+\frac{7}{9}\right)x^2, 10^2=\left(6+\frac{1}{4}\right)(10-x)^2$。

（1）$10^2=\frac{25}{9}x^2 \longrightarrow x^2=\frac{9}{25}\times 100 \longrightarrow x=6, 10-x=4$；

（2）$10^2=\frac{25}{4}(10-x)^2 \longrightarrow 16=(10-x)^2 \longrightarrow 10-x=4, x=6$。

花拉子密并没有计算方程（2），这是由于两个方程是等价的。它化简后方程的基本类型为 $ax^2=c$。

② $\frac{10-x}{x}=4 \longrightarrow x=2, 10-x=8$。其化简后方程的基本类型为 $bx=c$。

物得到四。知道当你将除法运算的结果乘以除数，会还原出你所分数字的值。在本题中商为四，除数为物，则将四乘以物，得到四倍的物等于所分数字，即十减去物。通过物将十还原，即将其加上四倍的物，得到五倍的物等于十，则一倍的物为二，此即为两部分之一的值。

这个问题引出六类问题之一——根等于数。

六道例题中的第四道

一个量的三分之一加上一之和乘以其四分之一加一之和，得到二十。①

解题过程：将三分之一的物乘以四分之一的物，得到平方的六分之一的二分之一；将一乘以三分之一的物，得到三分之一的物；一乘以四分之一的物等于四分之一的物；一乘以一等于一；则这些的和为六分之一的二分之一倍的平方，加上三分之一的物，加上四分之一的物，加上一等于二十。从二十中取走一，则剩余十九等于六分之一的二分之一倍的平方，加上三分之一的物，加上四分之一的物。将平方补全，为了将其补全将所有（项）均乘以十二，则得到平方加上七倍的物等于二百二十八。将物的数取半且将其自乘，得到十二又四分之一；将其加上数，即二百二十八，得到二百四十又四分之一；取其根为十五又二分之一；从其中减去物的数的二分之一，即三又二分之一，剩余十二，即为物的值。

这个问题引出六类问题之一——平方加上根等于数。

六道例题中的第五道

将十分为两部分，将每一部分自乘，再将两个结果相加得到五十八。②

解题过程：设其中一部分为物，另一部分为十减去物；将十减去物自乘得到一百加上平方减去二十倍的物；随后将物乘以物，得到平方；接下来将二者

---

① $\left(\frac{1}{3}x+1\right)\left(\frac{1}{4}x+1\right)=20 \longrightarrow x^2+7x=228 \longrightarrow \left(x+\frac{7}{2}\right)^2=\left(\frac{7}{2}\right)^2+228=\left(15+\frac{1}{2}\right)^2 \longrightarrow x+\frac{7}{2}=15+\frac{1}{2} \longrightarrow$ $x=12$，其化简后方程的基本类型为 $ax^2+bx=c$ 。

② $x^2+(10-x)^2=58 \longrightarrow x^2+21=10x \longrightarrow \left(x-\frac{10}{2}\right)^2=\left(\frac{10}{2}\right)^2-21=4 \longrightarrow x=5+2=7$ ，其化简后方程的基本类型为 $ax^2+c=bx$ 。

相加，得到一百加上平方的二倍减去二十倍的物等于五十八。通过减去的二十倍的物还原一百加上平方的二倍，即将其加上五十八，得到一百加上平方的二倍等于五十八加上二十倍的物。将其化为一倍的平方，则将所有的取半，得到五十加上平方等于二十九加上十倍的物。通过从五十中取走二十九将其对消，剩余二十一加上平方等于十倍的物。将物的数取半，得到五；将其自乘，得到二十五；从其中取走与平方相加的二十一，剩余四；取其根，得到二；将其从物的数的二分之一，即五，中减去，剩余三，此即为两部分之一的值，另一部分为七。

这个问题引出六类问题之一——平方加数等于根。

六道例题中的第六道

将一个量的三分之一乘以其四分之一得到这个量加上二十四。[①]

解题过程：设量为物，随后将三分之一的物乘以四分之一的物，得到六分之一的二分之一倍的平方，等于物加上二十四。接下来为了补全平方，将六分之一的二分之一倍的平方乘以十二；将物乘以十二得到十二倍的物；将二十四乘以十二，则得到二百八十八加上十二倍的根等于平方。取根的数的二分之一，得到六；将其自乘，并将所得加上二百八十八，这些的和为三百二十四；接下来取其根，得到十八；将其加上根的数的二分之一，其为六，得到二十四，这就是此量的值。

这个问题引出六类问题之一——根加上数等于平方。

各种例题章[②]

【例题 1】若将十分为两部分，随后将其中一部分乘以另一部分，则得到二

---

① $\frac{1}{3}x\cdot\frac{1}{4}x=x+24\longrightarrow\frac{1}{12}x^2=x+24\longrightarrow x^2=12x+288\longrightarrow(x-6)^2=36+288=324\longrightarrow x-6=18$，$x=24$，其化简后方程的基本类型为 $ax^2=bx+c$ 。

② 在本章中，花拉子密共处理了 34 道不同类型的例题，这些例题最终可以化为六个标准方程之一进行求解。其中前 6 道例题以及第 11、第 12 两题，仍为与上一章类似的将数字 10 分为两部分的例题。

十一。[①]

解题过程：知道十的两部分之一为物，另一部分为十减去物。将物乘以十减去物，得到十倍的物减去平方等于二十一。通过平方将十倍的物还原，将其加上二十一，得到十倍的物等于二十一加上平方。取物的数的二分之一，得到五；将其自乘，得到二十五；从其中将与平方相加的二十一取走，剩余四；取其根，得到二；将其从物的数的二分之一，即五中减去，剩余三，此即为两部分之一的值。

如果你愿意，将四的根加上物的数的二分之一，得到七，这（也）是两部分之一的值。

这是一道通过加法和减法均可解的题。[②]

【例题 2】若将十分为两部分，将每一部分自乘，且将较小的（乘积）从较大的（乘积）中取走，则剩余四十。[③]

解题过程：将十减去物自乘，得到一百加上平方减去二十倍的物；将物乘以物，得到平方；将其从一百加上平方减去二十倍的物中减去，剩余一百减去二十倍的物等于四十。通过二十倍的物还原一百，即将其加上四十，得到一百等于二十倍的物加上四十。将四十从一百中取走，剩余六十等于二十倍的物，则一倍的物等于三，其为两部分之一的值。

【例题 3】若将十分为两部分，将每一部分自乘；将二者相加再加上二者自乘前的差，则得到五十四。[④]

解题过程：将十减去物自乘，得到一百加上平方减去二十倍的物；将物——即十中剩余的部分——自乘，得到平方；随后将它们相加，得到一百加上平方的二倍减去二十倍的物。将它们加上它们自乘之前的差。则它们之间的

---

① $x(10-x)=21 \longrightarrow 10x=21+x^2$ 。

② 此处指“$5+2$”和“$5-2$”的结果均为原题的解。

③ 设$10-x>x$，则$x<5$ 。$(10-x)^2-x^2=40 \longrightarrow 100-20x=40 \longrightarrow x=3$ 。

④ 设$10-x>x$，则$x<5$ 。$x^2+(10-x)^2+[(10-x)-x]=54 \longrightarrow 2x^2+100-20x+10-2x=54 \longrightarrow x^2+55=27+11x \longrightarrow x^2+28=11x \longrightarrow \left(x-\frac{11}{2}\right)^2=\left(\frac{11}{2}\right)^2-28=\frac{9}{4} \longrightarrow x-\frac{11}{2}=\pm\frac{3}{2} \longrightarrow x=7$ 或 $x=4$，但是由于$x<5$，故得$x=4$ 。

差为十减去二倍的物，则这些的和为一百加上十加上平方的二倍减去二十二倍的物等于五十四。若通过还原与对消，一百加上十加上平方的二倍等于五十四加上二十二倍的物。将二倍的平方化为一倍的平方，则将所有的取半，得到五十五加上平方等于二十七加上十一倍的物。将二十七从五十五中取走，剩余平方加上二十八等于十一倍的物。取物的数的二分之一，得到五又二分之一；将其自乘，得到三十又四分之一；从其中减去与平方相加的二十八，剩余二又四分之一；取其根，得到一又二分之一；将其从根的数的二分之一中减去，剩余四，此即为两部分之一的值。

【例题 4】若将十分为两部分，将其中一部分除以另一部分，然后反之；（则两个商的和）达到二又六分之一。①

解题过程：若将每一部分自乘，随后将（两个乘积）相加，结果等于这两部分彼此相乘，随后将所得乘积乘以（两个）商（之和）所达到的值，即二又六分之一。将十减去物自乘，得到一百加上平方减去二十倍的物；将物乘以物，得到平方；将这些相加得到一百加上二倍的平方减去二十倍的物等于物乘以十减去物，即十倍的物减去平方——再乘以两个商（之和）的值，即二又六分之一；得到二十一倍的物加上三分之二的物减去二倍的平方加上六分之一（倍的平方之和），等于一百加上二倍的平方减去二十倍的物。将其还原，即将二倍的平方加上六分之一（倍的平方）加上一百加上二倍的平方减去二十倍的物；且将从一百加上二倍的平方中减去的二十倍的物加上二十一倍的物加上三分之二的物，得到一百加上四倍的平方加上六分之一倍的平方等于四十一倍的物加上三分之二的物。将其化为一倍的平方，知道一倍的平方是四倍的平方加上六分之一（倍平方之和的）五分之一加上其五分之一的五分之一，则取所有

---

① $x+y=10, \frac{x}{y}+\frac{y}{x}=2+\frac{1}{6} \longrightarrow x^2+y^2=\left(2+\frac{1}{6}\right)xy \longrightarrow x^2+(10-x)^2=\frac{13}{6}x(10-x) \longrightarrow 100+2x^2+\frac{13}{6}x^2$ $=\frac{65}{3}x+20x \longrightarrow 100+\left(4+\frac{1}{6}\right)x^2=\frac{125}{3}x$，方程两边同乘 $\frac{6}{25}$， $\longrightarrow 24+x^2=10x \longrightarrow (x-5)^2=25-24=1 \longrightarrow x=4$。在本题中，花拉子密认为 $10-x>x$，则 $x<5$。最后作者指出 $\frac{a}{b}\cdot\frac{b}{a}=1$。

（项）的五分之一加上五分之一的五分之一，得到结果为二十四加上平方等于十倍的根；这是由于十（倍的物）为四十一倍的物加上三分之二的物之和的五分之一加上其五分之一的五分之一。取物的数的二分之一，其为五；将其自乘，得到二十五；从其中减去与平方相加的二十四，剩余一；取其根，得到一；将其从物的数的二分之一，即五中减去，剩余四，此即为两部分之一的值。

对于任意两个物，若用其中一个除以另一个，且反之；若将这样得到的结果乘以那样得到的结果，结果永远为一。

【例题 5】若将十分为两部分，将其中一部分乘以五，并将所得除以另一部分，随后将所得的结果取半；且将其加上（第一部分）与五的乘积，则得到五十。①

解题过程：取十中的物，且将其乘以五，得到五倍的物；随后除以十中剩余的部分（即十减去物），取其半。知道若将五倍的物除以十减去物，且取所得结果的二分之一，相当于将五倍物的二分之一除以十减去物。因此若取五倍物的二分之一，其结果为二又二分之一的物，这就是想要将其除以十减去物（的量）；将这个二又二分之一的物除以十减去物等于五十减去五倍的物。这是因为前面说过：将其加上两部分之一与五的乘积，结果为五十。但是当将商乘以除数便会再次复原（被除数的）量，你的量为二又二分之一的物。将十减去物乘以五十减去五倍的物，结果为五百加上平方的五倍减去一百倍的物等于二又二分之一的物。将这化为一倍的平方，结果为一百加上平方减去二十倍的物等于二分之一的物。还原一百，且将二十倍的物加上二分之一的物，则得到一百加上平方等于二十倍的物加上二分之一的物。取物的数的二分之一，将其自乘；

---

① $\frac{5x}{2(10-x)}+5x=50(x<10)\longrightarrow\frac{5}{2}x=(10-x)(50-5x)\longrightarrow\frac{1}{2}x=100+x^2-20x\longrightarrow\left(20+\frac{1}{2}\right)x=100+x^2\longrightarrow$ $\left(x-\frac{41}{4}\right)^2=\left(\frac{41}{4}\right)^2-100=\frac{81}{16}\longrightarrow\frac{41}{4}-x=\frac{9}{4}\longrightarrow x=8$。另一个满足方程的解为 $x=\frac{25}{2}$，但是由于花拉子密仅考虑 $x<10$ 的情况，故仅计算出第一个解。

从其中减去一百；取剩余差的根；将其从物的数的二分之一，即十又四分之一中减去，剩余八，此即为两部分之一的值。

【例题 6】若将十分为两部分，将其中一部分自乘，则等于另一部分的八十一倍。①

解题过程：十减去物自乘得到一百加上平方减去二十倍的物等于八十一倍的物。用二十倍的物还原一百加上平方，将其加上八十一（倍的物），结果为一百加上平方等于一百倍的物加上一倍的物。取物的数的二分之一，结果为五十又二分之一；将其自乘，结果为二千五百五十又四分之一；从其中减去一百，剩余二千四百五十又四分之一；取其根，得到四十九又二分之一；从物的数的二分之一，即五十又二分之一中，将其减去，剩余一，此即为两部分之一的值。

【例题 7】若有十个度量的小麦和大麦，将每种按照（固定）单价销售，随后将它们的总价相加，则所得的和等于两个单价之差再加上它们的度量之差。②

解题过程：任取想要的值是可以的。若取四和六。则将（度量为）四（的作物）按照每单位一（售价）为物进行销售，则将四乘以物得到四倍的物；将（度量为）六（的作物）按照每单位一（售价）为二分之一的物进行销售，其中物为销售（度量为）四（的作物的单价）；或者也可以为其三分之一；或者可以为其四分之一，或者可以为任何想要的数。

如果销售另一种（作物）时，按照（单价为）二分之一的物进行，则将

---

① $(10-x)^2=81x \longrightarrow x^2+100=101x \longrightarrow x=1$。此方程有 $x=1$ 和 $x=100$ 两个正根，但是由于 $x<10$，则此处花拉子密仅给出 $x=1$。

② $4x+6\dfrac{x}{p}=(6-4)+\left(x-\dfrac{x}{p}\right)$，其中 p 为整数。花拉子密此处取 p=2，则有 $4x+3x=2+\dfrac{x}{2} \longrightarrow \left(6+\dfrac{1}{2}\right)x=2 \longrightarrow x=\dfrac{4}{13}$，随后花拉子密给出的检验过程为 $4\times\dfrac{4}{13}+6\times\dfrac{2}{14}=2+\dfrac{2}{13}$。拉希德认为这道例题首先涉及多个未知数，即两个体积[n、$(10-n)$]、两个单价（x、y），则由题意得 $nx+(10-n)y=|10-2n|+|x-y|$。题中设 $n=4$、$y=\dfrac{x}{2}$ 进行计算。由于在部分抄本中并不存在此题，加之它明显不属于本章所处理的问题，故此题是否存在于花拉子密的原著中具有不确定性。

二分之一的物乘以六，结果为三倍的物。将它们加上四倍的物，结果为七倍的物等于两者总量之差，即两个度量之差，再加上两个单价之差，即二分之一的物，结果为七倍的物等于二加上二分之一的物。从七倍的物中移走二分之一的物，剩余六倍的物加上二分之一（的物）等于二；则一倍的物等于（将单位一等分）十三份中的四份。则说：他将（度量为）四（的作物）按照每单位一（售价）为将一分为十三份中的四份进行销售，将（度量为）六（的作物）按照每单位一（售价）为将一分为十三份中的两份进行销售，得到（总售价）将一分为十三份中的二十八份；它等于两个总量之差，即两个度量之差，按照比例为二十六份，再加上两个单价之差，即两份，则其为二十八份。

【例题 8】若两个量之差为二，将较小的量除以较大的量，则得到的商为二分之一。①

解题过程：设其中一个量为物，另一个量为物加上二。由于已经将物除以物加上二，得到的商为二分之一。但是当将除法运算的结果乘以除数，则会重新得到所分数字的值，其为物。则说：物加上二乘以除法运算的结果，即二分之一，结果为二分之一的物加上一等于物。将二分之一的物从物中移走，剩余一等于二分之一的物；将其扩大二倍，结果为物等于二，则另一个量为四。

【例题 9】若将十分为两部分，将其中一部分乘以十，另一部分自乘，则（两个乘积）相等。②

解题过程：将物乘以十得到十倍的物，随后将十减去物自乘，得到一百加上平方减去二十倍的物等于十倍的物。按照我向你描述的方法将其化简。

【例题 10】若将十分为两部分，将其中一部分乘以另一部分，随后将所得

---

① 此问题相当于求解方程组 $\begin{cases} y-x=2, \\ \dfrac{x}{y}=\dfrac{1}{2}, \end{cases}$ 花拉子密利用关系式 $y=x+2$，得到方程 $\dfrac{x}{x+2}=\dfrac{1}{2}$，化简得 $\dfrac{1}{2}(x+2)=x \longrightarrow x=2$，$y=4$。此一次方程与后面的问题 27 相同。

② $10x=(10-x)^2\ (x<10) \longrightarrow 30x=x^2+100$。花拉子密给出了方程，但是却将计算过程留给了读者。按照前面的方法，计算得到两个正根：$x=15\pm5\sqrt{5}$。由于 $x<10$，则仅有一个正根 $x=15-5\sqrt{5}$ 符合题意。

的乘积除以这两部分中一个与另一个相乘之前二者的差，则得到五又四分之一。①

解题过程：从十中取物，则剩余十减去物；将其中一个乘以另一个，结果为十倍的物减去平方，此即为其中一部分与另一部分的乘积。接下来将其除以两部分之差，即十减去二倍的物，则除法运算的结果为五又四分之一。将五又四分之一乘以十减去二倍的物，会得到一个量，这是一个乘积，其等于十倍的物减去平方。则将五又四分之一乘以十减去二倍的物，结果为五十二又二分之一减去十倍的物加上二分之一（的物）等于十倍的物减去平方。通过十倍的根加上二分之一（的物）将五十二又二分之一还原，即将其加上十倍的根减去平方；接下来通过平方将其还原，即将平方加上五十二加上二分之一，得到的结果为二十倍的物加上二分之一的物等于五十二加上二分之一加上平方。按照我在此书开头部分解释过的方法将其继续化简。

【例题 11】若有一倍平方，其五分之一的三分之二等于其根的七分之一，则整个平方等于根加上七分之一的根的二分之一，根等于将平方分为十五份中的十四份。②

解题过程：将五分之一倍的平方的三分之二乘以七又二分之一来将平方补全；将所有的均乘以它，即将七分之一的根同样乘以它，得到平方等于根加上七分之一倍根的二分之一。其根等于一加上七分之一的二分之一；平方等于一加上一分为一百九十六份中的二十九份；其五分之一的三分之二等于一百九十六份中的三十份，其根的七分之一同样为一百九十六份中的三十份。

【例题 12】若有一倍平方，则其五分之一的四分之三等于其根的五分

---

① $\frac{x(10-x)}{10-2x}=5\frac{1}{4}\longrightarrow 10x-x^2=\left(5+\frac{1}{4}\right)(10-2x)\longrightarrow\left(20+\frac{1}{2}\right)x=x^2+52+\frac{1}{2}$。花拉子密将剩余的计算过程留给了读者，化简得 $2x^2+105=41x$。求得两个正根：$x=3<5$ 符合题意；$x=\frac{35}{2}$ 舍去。

② $\frac{2}{3}\cdot\frac{x^2}{5}=\frac{x}{7}\longrightarrow x^2=\frac{15}{14}x\longrightarrow x=1+\frac{1}{14}$。花拉子密给出的检验过程为 $x^2=\left(1+\frac{1}{14}\right)^2=1+\frac{29}{196},\frac{2}{3}\cdot\frac{x^2}{5}=\frac{30}{196}$，且 $\frac{x}{7}=\frac{15}{14\times 7}=\frac{15}{98}=\frac{30}{196}$。

之四。[①]

解题过程：为了补全根，将五分之一的四分之三（倍的平方）加上其四分之一，其为二十中的三加上四分之三；则将它们加上各自的四分之一，结果为八十分之十五。将八十除以十五，结果为五又三分之一，此为平方的根的值，平方等于二十八又九分之四。

【例题 13】若有一个量，将其乘以自身的四倍，则结果为二十。[②]

解题过程：若将其自乘，结果为五；则其为五的根。

【例题 14】若有一个量，将其乘以自身的三分之一，则结果为十。[③]

解题过程：若将它自乘，结果为三十，则说这个量为三十的根。

【例题 15】若有一个量，将其乘以自身的四倍，则再次得到这个量的三分之一。[④]

解题过程：若将一个量乘以自身的十二倍，会再次得到这个量，则其为六分之一的二分之一，（第一个量的三分之一为六分之一的二分之一）乘以三分之一。

【例题 16】若将平方乘以其根，则会得到平方的三倍。[⑤]

解题过程：若将这个根乘以其平方的三分之一，会再次得到这个平方，则说这个平方的三分之一等于其根，则其（即平方）为九。

【例题 17】若有一倍平方，将其根的四倍乘以其根的三倍，则会得到这个平方加上四十四。[⑥]

---

① $\frac{3}{4}\cdot\frac{x^2}{5}=\frac{4}{5}x \longrightarrow \frac{3}{4}\cdot\frac{x^2}{5}\cdot\left(1+\frac{1}{4}\right)=x$，其中 $\frac{3}{20}+\frac{1}{4}\times\frac{3}{20}=\frac{3}{20}\times\frac{5}{4}=\frac{15}{4}\times\frac{1}{20}=\left(3+\frac{3}{4}\right)\times\frac{1}{20}=\frac{15}{80}$，则原方程化为 $\frac{15}{80}x^2=x \longrightarrow x=\frac{80}{15}=5\frac{1}{3}, x^2=28\frac{4}{9}$。

② $4x^2=20 \longrightarrow x^2=5 \longrightarrow x=\sqrt{5}$。

③ $\frac{1}{3}x^2=10 \longrightarrow x^2=30 \longrightarrow x=\sqrt{30}$。

④ $4x^2=\frac{1}{3}x \longrightarrow 12x^2=x \longrightarrow x=\frac{1}{12}$。

⑤ $x^2\cdot x=3x^2 \longrightarrow x\cdot\frac{x^2}{3}=x^2 \longrightarrow \frac{x^2}{3}=x \longrightarrow x=3$。本题中，花拉子密首次引入了三次方程，但是并没有给出立方的定义。

⑥ $3x\cdot 4x=x^2+44 \longrightarrow 11x^2=44 \longrightarrow x^2=4$。

解题过程：若将四倍的根乘以三倍的根，结果为十二倍的平方等于平方加上四十四。从十二倍的平方中取走平方的一倍，则剩余平方的十一倍等于四十四，则将其除以十一，结果为四，此即为平方的值。

【例题 18】若有一倍平方，将其根的四倍乘以其根的五倍，则会得到这个平方的二倍加上三十六。①

解题过程：若将四倍的根乘以五倍的根，结果为平方的二十倍等于平方的二倍加上三十六；从平方的二十倍中移走平方的二倍，剩余平方的十八倍等于三十六；则将三十六除以十八，除法运算的结果为二，此即为平方的值。

【例题 19】若有一倍平方，将其根乘以其根的四倍，则会得到这个平方的三倍加上五十。②

解题过程：若将根乘以四倍的根，结果为平方的四倍等于平方的三倍加上五十。从平方的四倍中取走平方的三倍，则剩余一倍的平方等于五十，此即为（平方的值，且）五十的根乘以五十的根的四倍得到二百，此即为平方的三倍加上五十。

【例题 20】若有一倍平方，将其加上二十，则结果等于此平方的根的十二倍。③

解题过程：你说平方加上二十等于十二倍的根；则取根的数的二分之一，且将其自乘，结果为三十六；从其中减去二十，取剩余数字的根，并将其从根的数的二分之一，即六中减去；剩余数字即为此平方的根，其为二，平方为四。

【例题 21】若有一个量，从其中取出其三分之一加上三，随后将剩余的量自乘则会再次得到这个量。④

---

① $4x\cdot 5x=2x^2+36\longrightarrow 18x^2=36\longrightarrow x^2=2$。

② $x\cdot 4x=3x^2+50\longrightarrow x^2=50$。

③ $x^2+20=12x\longrightarrow (x-6)^2=36-20\longrightarrow 6-x=4\longrightarrow x=2$，$x^2=4$。花拉子密并没有给出第二个根：$x=10$。

④ $\left[x-\left(\frac{1}{3}x+3\right)\right]^2=x\longrightarrow\left(\frac{2}{3}x-3\right)^2=x\longrightarrow\frac{4}{9}x^2+9=5x\longrightarrow x^2+\frac{81}{4}=\frac{45}{4}x$。花拉子密将计算过程留给读者，按照前面的方法解得原方程有两个正根，分别为 $x=\frac{45+27}{8}=9$ 或 $x=\frac{45-27}{8}=\frac{9}{4}$。

解题过程：若取出其三分之一（的物）加上三，剩余其三分之二减去三，其（自乘的结果）等于物。将三分之二的物减去三自乘，则说：三分之二（的物）乘以三分之二（的物）等于平方的九分之四，减去的三乘以三分之二的物等于二倍的物，减去的三乘以三分之二的物等于二倍的物，减去的三乘以减去的三等于九，因此得到平方的九分之四加上九减去四倍的物等于物。将四倍的物加上物，结果为五倍的物等于九分之四倍的平方加上九。将平方补全，即将九分之四乘以二又四分之一，结果为一倍的平方。将九乘以二又四分之一，结果为二十又四分之一；随后将五倍的物乘以二又四分之一，结果为十一倍的物加上四分之一（的物）。则得到平方加上二十一又四分之一等于十一倍的物加上四分之一（的物）。按照在将物的数取半（的章节）中描述的方法继续求解。

【例题 22】若有一个量，将其三分之一乘以其四分之一，则会再次得到这个量。①

解题过程：若将三分之一的物乘以四分之一的物，得到平方的六分之一的二分之一等于物；则平方等于十二倍的物，它（即物）等于一百四十四的根。

【例题 23】若有一个量，将其三分之一加上一乘以其四分之一加上二，则会再次得到这个量且加上十三。②

解题过程：若将三分之一的物乘以四分之一的物，结果为平方的六分之一的二分之一；将二乘以三分之一的物，结果为三分之二的物；一乘以四分之一的物，结果等于四分之一的物；二乘以一等于二；则平方的六分之一的二分之一加上二加上一倍物中所分十二份中的十一份，等于根加上十三。将二从十三中取走，则剩余十一；将物的（十二份中的）十一份从一倍的物中移走，则剩余六分之一倍的物的二分之一加上十一等于平方的六分之一的二分之一。为了补全后者，需将其乘以十二，且将所有的（项）均乘以十二，结果为平方等于一百三十二加上物。继续计算会得到结果。

① $\frac{1}{3}x\cdot\frac{1}{4}x=x\longrightarrow\frac{1}{12}x^2=x\longrightarrow x^2=12x\longrightarrow x=12=\sqrt{144}$ 。

② $\left(\frac{x}{3}+1\right)\left(\frac{x}{4}+2\right)=x+13\longrightarrow\frac{x^2}{12}+\frac{11}{12}x+2=x+13\longrightarrow\frac{x^2}{12}=11+\frac{x}{12}\longrightarrow x^2=x+132$ 。花拉子密将计算过程留给读者，按照前面方法解得原方程有两个根，分别为 $x=12$ 或 $x=-11$ ，通过上文可知后者应舍去。

【例题 24】若将一又二分之一在一个人和另外一些人中平分，则每个人得到的（钱数）等于另外一些人数目的二倍。[①]

解题过程：如果一个人加上另外一些人数之和为一加上物，则一又二分之一将在一加上物间平分，每个人得到二倍的物。那么，将二倍的物乘以一加上物，结果为二倍的平方加上二倍的物等于一又二分之一。将其化为一倍的平方，则取所有（项）的二分之一。此时说：一倍的平方加上物等于四分之三。接下来按照我在介绍部分描述的方法继续计算。

【例题 25】若有一个量，取出其三分之一加上其四分之一加上四，随后将剩余的部分自乘，则会再次得到这个量且加上十二。[②]

解题过程：取一倍的物，且取出其三分之一加上其四分之一，则剩余物分十二份中的五份；同样再从中取出四，则剩余物所分十二份中的五份减去四。将（剩余部分）自乘，其中五份（自乘后）会得到二十五份；将十二份自乘得到一百四十四份，则其为一倍平方的一百四十四份中的二十五份；随后将四两次乘以一倍物所分十二份中的五份，结果为一倍物所分十二份中的四十份；四乘以四得到加上的十六，其中四十份会得到减去的三倍的根加上三分之一的根。得到一倍平方所分一百四十四份中的二十五份，加上十六减去三倍的物加上三分之一的物等于第一个量，即物，再加上十二。将其还原，即把三倍的物加上三分之一的物加上物加上十二，则得到四倍的物加上三分之一的物加上十二。将其对消，即从十六中移走十二，剩余四加上平方所分一百四十四份中的二十五份等于四倍的物加上三分之一（的物）。此时需

---

① $\frac{3/2}{x+1}=2x \longrightarrow 2x+2x^2=\frac{3}{2} \longrightarrow x+x^2=\frac{3}{4}$。花拉子密将计算过程留给读者，按照前面的方法解得原方程的根为 $x=\frac{1}{2}$，但根据题意人数不能取分数。

② $\left(\frac{5}{12}x-4\right)^2=x+12 \longrightarrow \frac{25}{144}x^2-\frac{40}{12}x+16=x+12 \longrightarrow \frac{25}{144}x^2+4=\left(4+\frac{1}{3}\right)x \longrightarrow x^2+23+\frac{1}{25}=\left(24+\frac{24}{25}\right)x \longrightarrow \left[x-\left(12+\frac{12}{25}\right)\right]^2=\left(12+\frac{12}{25}\right)^2-\left(23+\frac{1}{25}\right)=132+\frac{444}{625} \longrightarrow x=24$ 或 $x=\frac{24}{25}$。此处花拉子密仅给出第一个根。

要将平方补全。为了将它补全，需要将所有的（项）乘以五加上二十五份中的十九份。则将（一倍平方所分一百四十四份中的）二十五份乘以五加上二十五份中的十九份，结果为一倍的平方；将四乘以五加上二十五份中的十九份，结果为二十三加上二十五份中的一份；将四倍的物加上三分之一（的物）乘以五加上二十五份中的十九份，结果为二十四倍的物加上一倍物所分二十五份中的二十四份。

将物的数取半，结果为十二倍的物加上一倍物所分二十五份中的十二份；将其自乘，结果为一百五十五加上（一所分）六百二十五份中的四百六十九份；从其中减去与平方相加的二十三加上二十五份中的一份，则剩余一百三十二加上（一所分）六百二十五份中的四百四十四份；取这个数的根，等于十一加上（一所分）二十五份中的十三份，则将它加上物的数的二分之一，即十二加上（一所分）二十五份中的十二份，结果为二十四，此即为要求的量。取出它的三分之一加上其四分之一再加上四，随后将剩余的部分自乘，结果等于这个量加上十二。

【例题 26】若有一个量，将其乘以其三分之二，则得到五。[①]

解题过程：若将物乘以三分之二的物，则结果为平方的三分之二等于五。通过它的二分之一将其补全，同时将五加上其二分之一，则得到平方等于七又二分之一；其根即为物，即将其乘以自身的三分之二，结果为五。

【例题 27】若有两个量，二者之差为二，用较小的量除以较大的量，则得到的商为二分之一。[②]

解题过程：将物加上二乘以商，即二分之一，结果为二分之一的物加上一等于物。则从一倍的物中移走二分之一的物，剩余一等于二分之一的物。将其加倍，得到物等于二，即为一个量的值，另一个量为四。

---

① $x\cdot\frac{2}{3}x=5\longrightarrow x^2=\frac{15}{2}$。本题方程与问题 29 相同，但是解法不同。

② $\frac{x}{x+2}=\frac{1}{2}\longrightarrow\frac{1}{2}x+1=x\longrightarrow x=2$。

【例题 28】若将一在几个人中平分，每个人会得到一个值；随后将这些人的数目增加一人，并将一在其中平分，则每个人所得比第一个商少六分之一。[①]

解题过程：若将第一次的人数，即物，乘以它们之间差值的份数（即六分之一）；随后再将所得乘以另一次的人数，将所得除以第一次的人（数）与另一次（人数）之差，则得到的为所要分的（钱数）。将第一次的人数，即物乘以六分之一，即它们之间[②]的差值，结果为六分之一的物。随后将它乘以另一次的人数，即物加上一，结果为平方的六分之一加上六分之一的根，将其除以一等于一。将平方补全，（此时）其为六分之一；则将其乘以六，得到平方加上根；将一乘以六得到六，结果为平方加上根等于六。取根的数的二分之一，并自乘，得到四分之一；将其加上六，取所得的根，从中减去根的数的二分之一，即刚才将其自乘的数字，其为二分之一；则剩余的数即为第一次的人数，在本题中为二人。

【例题 29】若有一个量，将其乘以自身三分之二，则结果为五。[③]

解题过程：若将其自乘，得到七又二分之一，则其为七又二分之一的根，（则将它乘以）七又二分之一根的三分之二。三分之二乘以三分之二，得到九分之四；九分之四乘以七又二分之一，结果为三又三分之一；因此三又三分之一的根为七又二分之一根的三分之二。将三又三分之一乘以七又二分之一，结果为二十五，其根为五。

【例题 30】若有一倍平方，将其乘以其根的三倍，则结果为第一个平方的五

---

① $\frac{a}{x}-\frac{a}{x+b}=\frac{1}{6}\longrightarrow\frac{a\cdot\left[(x+b)-x\right]}{x(x+b)}=\frac{1}{6}\longrightarrow\frac{a\cdot b}{x(x+b)}=\frac{1}{6}\longrightarrow a=\frac{x(x+b)\cdot\frac{1}{6}}{b}$，本题中 a，b 均为 1；$\frac{1}{x}-\frac{1}{x+1}=\frac{1}{6}\longrightarrow\frac{1}{x(x+1)}=\frac{1}{6}\longrightarrow x^2+x=6\longrightarrow\left(x+\frac{1}{2}\right)^2=\left(\frac{1}{2}\right)^2+6=\frac{25}{4}\longrightarrow x=2$。

② 此处指数字六分之一，原文字面意思为“它们之间”。

③ $x\cdot\frac{2}{3}x=5\longrightarrow x^2=\frac{15}{2}$。本题与问题 26 方程相同，但是解法不同。花拉子密首先指出 $\frac{2}{3}x$ 为 $\frac{4}{9}x^2$ 的根，其中 $\frac{4}{9}x^2=\frac{4}{9}\times\frac{15}{2}=\frac{30}{9}$，$\left(x\cdot\frac{2}{3}x\right)^2=\frac{15}{2}\times\frac{30}{9}=25\longrightarrow x\cdot\frac{2}{3}x=5$。

倍。[①]正如他所说：将一倍平方乘以它的根，结果等于第一个平方加上它的三分之二；则平方的根为一又三分之二，根的平方等于二又九分之七。

【例题 31】若有一倍平方，从中取出其三分之一，随后将剩余的乘以第一个平方的根的三倍，则会再次得到第一个平方。[②]

解题过程：如果将第一个完整的平方，在取出其三分之一之前，乘以其根的三倍，得到一倍的平方加上（平方的二分之一），这是因为其三分之二乘以其根的三倍结果为一倍的平方；整个平方乘以其根的三倍，等于一倍的平方加上（平方的二分之一）；则整个平方乘以一个单独的根等于平方的二分之一。因此这个平方的根为二分之一，平方为四分之一。这个平方的三分之二为六分之一，这个平方的根的三倍为一又二分之一。将六分之一乘以一又二分之一，会得到四分之一，即平方的值。

【例题 32】若有一倍平方，从中取出其根的四倍，随后取剩余部分的三分之一，结果等于此根的四倍，则此平方为二百五十六。[③]

解题过程：剩余（部分）的三分之一等于其根的四倍，则剩余（部分）等于十二倍的根；将其加上四倍的根，结果为十六倍的根，则其（即十六）为平方的根。

【例题 33】若有一倍平方，取出其根；将其根加上（前面）剩余部分的根，则结果为二。[④]即将平方的根加上平方减去根（后剩余部分）的根等于二。从其中取出平方的根，且从二中取出平方的根，结果为二减去根，将其自乘——（得到）四加上平方减去四倍的根——等于平方减去根。将其化简，结

---

① $x^2 \cdot 3x = 5x^2 \longrightarrow x^2 \cdot x = \frac{5}{3}x^2$。这是本书涉及的第二个三次方程，同样花拉子密没有给出立方的定义，他直接给出结果 $x = \frac{5}{3}, x^2 = 2\frac{7}{9}$。

② $\frac{2}{3}x^2 \cdot 3x = x^2 \longrightarrow 2x^2 \cdot x = x^2 \longrightarrow x = \frac{1}{2}, x^2 = \frac{1}{4}$。这是本书涉及的第三个三次方程，同样花拉子密没有给出立方的定义。

③ $\frac{x^2 - 4x}{3} = 4x \longrightarrow x^2 - 4x = 12x \longrightarrow x^2 = 16x \longrightarrow x = 16$，$x^2 = 256$。

④ $\sqrt{x^2 - x} + x = 2\left(x^2 > x, x < 2 \to 1 < x < 2\right) \longrightarrow x^2 - x = x^2 + 4 - 4x \longrightarrow 3x = 4 \longrightarrow x = \frac{4}{3}, x^2 = \frac{16}{9}$。

果为平方加上四等于平方加上三倍的根；将平方与平方消去，剩余三倍的根等于四，则根等于一又三分之一，此即为平方的根，平方为一又九分之七。

【例题 34】若在平方中取出其根的三倍，随后将剩余的部分自乘，则会再次得到这个平方。①

解题过程：你知道剩余的部分同样等于根，则有平方等于四倍的根，其（平方）为十六。

交　易　章

在人们所有的交易活动中，如买卖、交换、租赁等，询问者需要记住两组概念四个数字，分别为数量、单位一、单价和总价。②

表示数量的数字不与表示单价的数字成比例，表示单位一的数字不与表示总价的数字成比例。在这四个数字中，通常三个明确已知，（剩余）一个未知，就是人们问的“多少”，也就是询问者的问题所在。

此类问题的解法是：首先观察三个明确的（已知）数字，通常它们中有两个数字间不成比例；则将两个明确不成比例数字中的一个乘以另一个，随后将所得的乘积除以另一个明确的数字，其中此数字与未知数字不成比例；所得（的商）即为询问者所要求的未知数的值，它与除数不成比例。

第一种类型例题。若有人问：十比上六，你会用多少去比四？他所说的十相当于数量；他所说比上的数字六相当于单位一；他所说你应取多大的数字相当于未知的总价；他所说比上的数字四相当于单价。由于数量十与单价四不成比例，则将十乘以四，这是两个明显不成比例的数字，结果为四十。将其除以

① $\left(x^2-3x\right)^2=x^2 \longrightarrow x^2-3x=x \longrightarrow x=4, x^2=16$。本题为四次方程，但是花拉子密并无意将其展开，而是利用本题的特殊性将其化为二次方程求解，花拉子密此处并没有定义四次方。

② 在本章中，花拉子密所处理的问题主要利用如下比例公式：

$$\frac{\text{数量}}{\text{单位一}}=\frac{\text{总价}}{\text{单价}}。$$

另一个明确的数字，即单位一，它等于六，结果为六又三分之二，此即为未知数的值，也就是询问者的“多少”，其相当于总价，它与单价六不成比例。①

第二种类型例题。若有人问：十比上八相对于四时，单价为多少？也许他可以说：四比上多少单价？十相当于数量，它与未知的单价，也就是他所说的“多少”不成比例；八为单位一，它与明确的总价不成比例，其为四。那么，将明确不成比例两数中的一个乘以另一个，即四乘以八，结果为三十二。将所得除以另一个明确的数字，即数量，它等于十，结果为三又五分之一，此即为单价的值，它与你除以的数字十不成比例。②

这就是所有人与人之间的交易问题以及它们的解题过程。

有一个人问道：一个工人每个月的工钱为十，若其工作六天，则他应得到多少钱？我们知道，六天是一个月的五分之一，则他应得到的数（占每月工钱的比例）相当于所工作的天数占一个月天数的比例。③

解题过程：他所说的一个月，即三十天，相当于数量；他所说的十为总价；他所说的六天为单位一；他所说的应得多少工钱为单价。则将总价数字十乘以单位一，即六，两者之间不成比例，结果为六十；将其除以三十，即数量，这是一个明确的数字，结果为二，此为单价。④对于人们之间的所有交易问题，如交换、度量和称重，均与之类似。

（面积）度量章

知道一乘以一的含义是度量面积，它的含义是一腕尺⑤乘以一腕尺。对于每

---

① $\frac{10}{6}=\frac{x}{4} \longrightarrow x=6\frac{2}{3}$。

② $\frac{10}{8}=\frac{4}{x} \longrightarrow x=3\frac{1}{5}$。

③ 按照此句话进行计算可以直接得到结果，而不需要下面的计算过程。

④ $\frac{30}{10}=\frac{6}{x} \longrightarrow x=2$。

⑤ 腕尺最早是一个古希腊长度单位，指从指尖到手肘的长度，不同时代对于它所规定的长度可能会发生变化。

个边和角均相等的平面[1]，若其每条边均为一，则每个这样的平面（面积）均等于一。若每个边和角均相等的平面的边均为二，则每个这样的平面是一乘以一平面（面积）的四倍。类似的，可以是三乘以三，或者更大、更小；或者二分之一乘以二分之一，或者是其他的分数，均是按照上述规则。[2]

对于每个正方形，若其每条边为二分之一，则其（面积）为每条边等于一平面的四分之一。类似的，三分之一乘以三分之一、四分之一乘以四分之一、五分之一乘以五分之一、三分之二乘以三分之二[3]；或者更小、更大，这就是它们的计算方法。

对于每个正方形，无论这个平面是小还是大，若它的每条边乘以一则其为一倍的根；乘以二则为二倍的根。

对于每个直角平面，将它的长乘以宽即为其面积。

对于每个边长相等或者不等的三角形，用它的高乘以这条高所在底边的二分之一，即为这个三角形的面积。

对于每条边长相等的菱形，将一条对角线乘以另一条（对角线）的二分之一，即为其面积。

对于每个圆，若将其直径乘以三又七分之一，即为包围其的周长，这是人们习惯的做法，但这不是必需的。印度人对此还有另外两种表述：其一是将直径自乘，随后再乘以十，接下来取所得的根，即为其周长；第二种表述是印度天文学家（给出的），即将直径乘以六万两千八百三十二，随后将其除以两万，所得即为周长，所有这些值彼此接近。[4]

对于周长，若将其除以三又七分之一，结果为直径。

对于每个圆，将半径乘以半周长，所得即为面积。由于对于每个边和角均

① 此处指正方形。

② 花拉子密在本章的开始部分首先介绍了面积单位的概念：若有一个正方形其边长为一腕尺，则它的面积为一，这可以作为面积单位。若一个正方形的边长为二，则它的面积是边长为一的面积单位的四倍。这种规律适用于任何边长的正方形，包括整数或分数的情况。因此，若边长为二分之一，则正方形的面积为四分之一。

③ 此处抄本原文为：三分之二乘以二分之一。

④ 若设圆的直径为d，则原文给出周长公式相当于 $p=d\cdot\left(3+\frac{1}{7}\right)\approx\sqrt{10\cdot d^2}=\sqrt{10}\cdot d\approx d\cdot\frac{62832}{20000}=d\cdot 3.1416$。

相等的平面图形，如（正）三角形、正方形、（正）五边形或比其（边数）多的（正多边形），若将其半周长乘以内部最大圆的半径，所得即为其面积。

对于每个圆，将其直径自乘，从中减去其七分之一加上七分之一的二分之一，所得即为其面积，这与第一种方法相对应。①

圆中的每个部分被称为弓形。它或者等于半圆，或者小于半圆，或者大于半圆。明显有，若弓形的矢等于其弦长的二分之一，则其为半圆；若（弓形的矢）小于半弦，则其小于半圆；若（弓形的）矢大于半弦，则它大于半圆。如下图②所示：

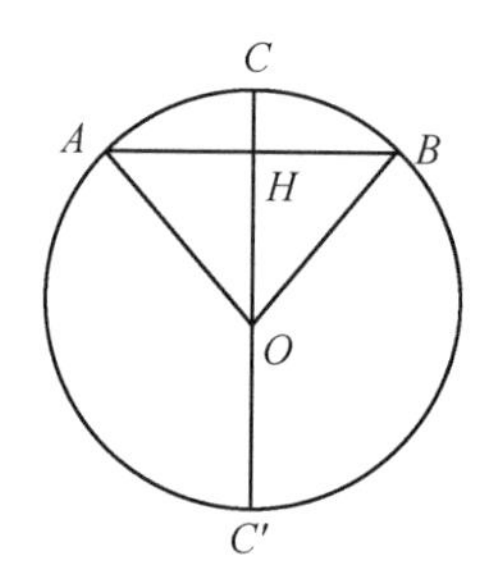

若想知道其（即弓形）所在圆（的大小），则将半弦自乘，并将所得除以其矢；将所得加上矢，此时所得即为这个弓形所在圆的直径。

若想知道弓形的面积，则将圆的半径乘以半弧长，并记住所得的结果。若弓形小于半圆，则接下来将弓形的矢从圆的半径中减去；若弓形大于半圆，则将圆的半径从弓形的矢中减去，将剩余的差乘以弓形的半弦。若弓形小于半

---

① 圆的面积公式 $s=\frac{1}{2}d\cdot\frac{1}{2}p$。这个结论是通过正多边形面积的公式推导而来的。用 $\left(3+\frac{1}{7}\right)d$ 来代替上式中的 p，得到 $s=\frac{d^2}{4}\left(3+\frac{1}{7}\right)=d^2\left(1-\frac{1}{4}+\frac{1}{28}\right)=d^2\left(1-\frac{3}{14}\right)=d^2\left(1-\frac{1}{7}-\frac{1}{14}\right)$。

② 此图并非原抄本中的内容，而是本书作者为了表述方便所引入的示意图。弧 ACB 可以定义一个弓形，其底为弦 AB，矢为 CH。同理弧 $AC'B$ 也可以定义一个弓形，二者拥有公共底边，即弦 AB，但是后者的矢为 $C'H$。花拉子密此处给出两个结论：

（1）弦、矢和直径的关系：$\frac{AH^2}{CH}+CH=2R$；证明过程为：在△CAC' 中，有 $AH^2=CH\cdot HC'$，因此有 $\frac{AH^2}{CH}+CH=HC'+CH=CC'=2R$。

（2）由此，若我们已知弓形的弦和矢，则可求出其所在圆直径。

圆，则将其从前面记住的结果中减去；若弓形大于半圆，则将其加上它；通过加法或者减法运算后的结果，即为弓形的面积。

对于所有的矩形立方体[①]，若将其长乘以宽，随后再乘以其高，所得即为体积。若它（指底面）不是矩形，而是圆形、三角形或其他图形，但它的高仍然满足直线且平行[②]，此时为了度量它（的体积），需要度量它的底面，也就是要知道其面积，随后将得到的结果乘以它的高，所得即为其体积。

对于由三角形、圆形或者正方形得到的椎体，将底面积的三分之一乘以它的高，所得即为其体积。知道对于所有的直角三角形，将两条较短边分别自乘并相加，所得结果等于最长边自乘的结果。

证明：首先设一个边和角均相等的正方形 *ABCD*，随后将 *AD* 在点 *E* 处平分，并从其出发至点 *G* 作直线[③]；接下来将 *AB* 在点 *I* 处平分，并从其出发至点 *H* 作直线[④]。此时平面 *ABCD* 被分为四个边、角和面积均相等的平面，分别是平面 *AK*、平面 *CK*、平面 *BK* 和平面 *DK*。随后从点 *E* 到点 *I* 作直线，将平面 *AK* 二等分。在这个平面中，得到两个三角形，即三角形 *AIE* 和三角形 *EKI*，明显 *AI* 是 *AB* 的二分之一，*AE* 为 *AD* 的二分之一且与 *AI* 相等，故 *IE* 为它们的斜边。类似的，从点 *I* 到点 *G*、从点 *G* 到点 *H*、从点 *H* 到点 *E* 作直线。此时在正方形中构造出了八个相等的三角形，明显有它们中的四个等于最大平面 *AC* 的二分之一；且明显有边 *AI* 自乘的结果等于两个三角形的面积和，边 *AE* 自乘的结果等于两个三角形的面积和，则它们的和等于四个三角形；边 *EI* 自乘同样等于四个三角形的和。因此有 *AI* 自乘的结果加上 *AE* 自乘的结果等于 *IE* 自乘的结果，这就是我们想要说明的，如下图所示。[⑤]

---

① 此处指的是以矩形为底面的直棱柱。

② 此处的图形指的是直棱柱或圆柱。花拉子密此处的意思是表示高的线平行于侧面，故而垂直于底面。

③ 此直线平行于 *AB*。

④ 此直线平行于 *AD*。

⑤ 其证明过程相当于：在正方形 *ABCD* 中，点 *E*、*I*、*G*、*H* 分别为其四边 *DA*、*AB*、*BC*、*DC* 的中点。其中 $EG \perp IH$，且二者将正方形 *ABCD* 分为四个全等的小正方形，每个小正方形又被其对角线分为两个全等的等腰直角三角形，则有 $S_{\Delta}=\frac{1}{8}S_{\text{正方形}ABCD}=s$ 。$AI^2=AE^2=2S_{\Delta AIE}=2s, EI^2=S_{\text{正方形}EIGH}=4s \longrightarrow EI^2=AI^2+AE^2$ 。但是此证明仅适用于等腰直角三角形的情况。

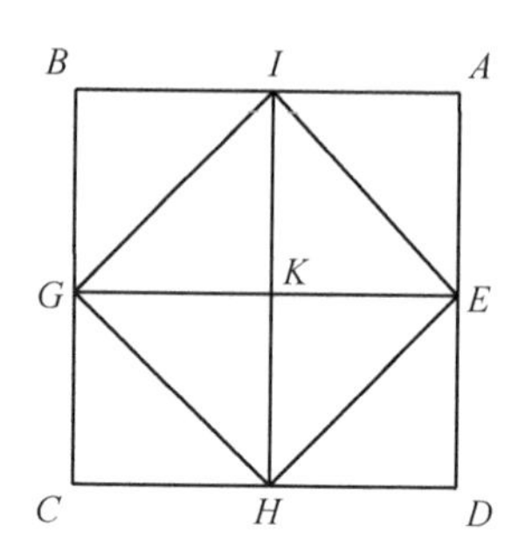

度 量 问 题

有五种四边形。

第一种：边相等且角均为直角。

第二种：角均为直角，但是边长不相等，其长大于其宽。

第三种：称为菱形，它们的边相等但是角不相等。

第四种：称为类菱形[①]，其长与宽不相等且角也不相等，但两条长边相等且两条短边也相等。

第五种：边和角均不相等。

在这些四边形中，对于那些边相等且角为直角及边不相等且角为直角的图形而言，为了求它们的面积，将它们的长乘以宽，所得即为它们的面积。

例题一：一块正方形土地的每条边均为五腕尺，则其面积为二十五（平方）腕尺。如下图所示：

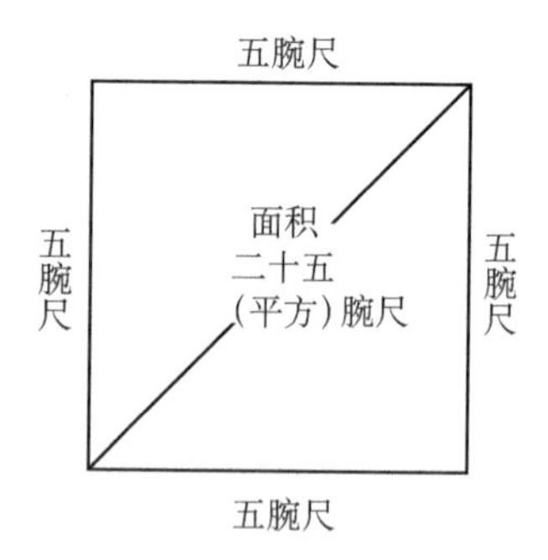

① 此处指平行四边形。

例题二：一块矩形土地，其长为八腕尺，宽为六腕尺。为了得到它的面积，将八腕尺乘以六腕尺，结果为四十八（平方）腕尺，此即为其面积。如下图所示：

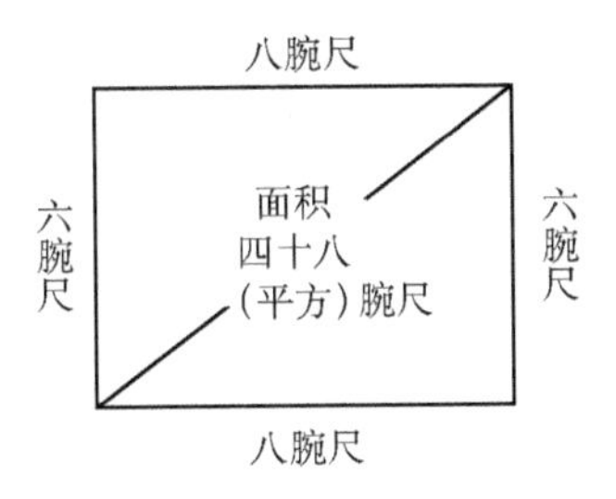

对于边长相等的菱形，若其边长为五腕尺，一条对角线长为八腕尺，另一条（对角线长）为六腕尺。为了求出它的面积，你必须知道两条对角线的长度或者是其中之一（的长度）。若知道全部两条对角线的长，则将一条乘以另一条的二分之一，所得结果即为其面积。将八乘以三或者将四乘以六，得到的结果为二十四（平方）腕尺，此即为其面积。如下图所示：

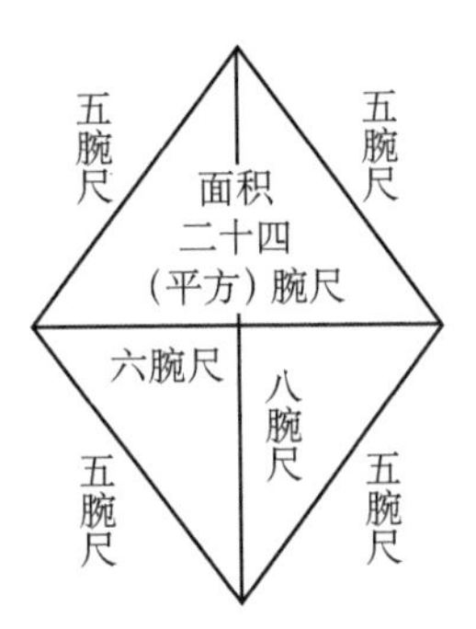

若只知道其中一条对角线，会得到两个三角形，其中每个（三角形）的两边长均为五腕尺，第三条边为（菱形的）对角线。可以按照计算三角形面积的方法计算，这已经在三角形的章节中介绍过。

至于类菱形，则按照菱形的方法去做。如下图所示：

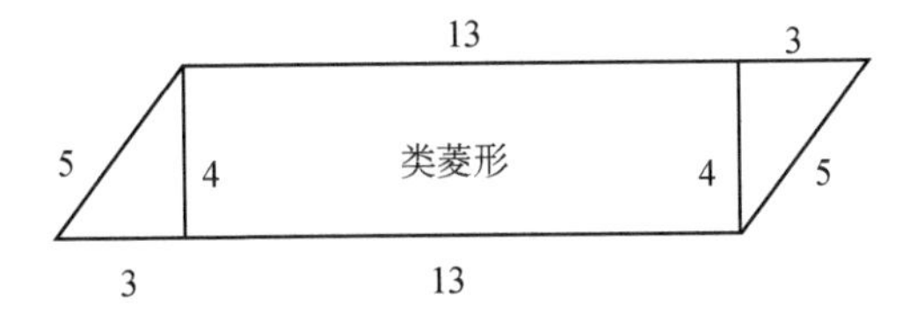

其他的四边形可以通过对角线来求面积，这样就需要用到三角形的面积了。

三角形包括三类——直角（三角形）、锐角（三角形）和钝角（三角形）。

对于直角（三角形），它是这样一种三角形，即若将其较短的两边分别自乘，并将所得相加，等于其最长边自乘的结果。

对于锐角（三角形），对于其中的每个三角形而言，若将其两条较短的边分别自乘，随后将所得相加，所得结果大于其最长边自乘的结果。

对于钝角（三角形），对于其中的每个三角形，若将其两条较短边分别自乘，将所得相加，所得结果小于其最长边自乘的结果。

对于直角（三角形），它有两条直角边和一条斜边，且它是矩形的二分之一。故若要求其面积，将构成其直角两边中的一条乘以另一条的二分之一，所得即为其面积。

例题三：一个直角三角形，其中一条边为六腕尺，另一条边为八腕尺，斜边为十腕尺；为了计算它，将六乘以四，结果为二十四（平方）腕尺，此即为其面积。如下图所示：

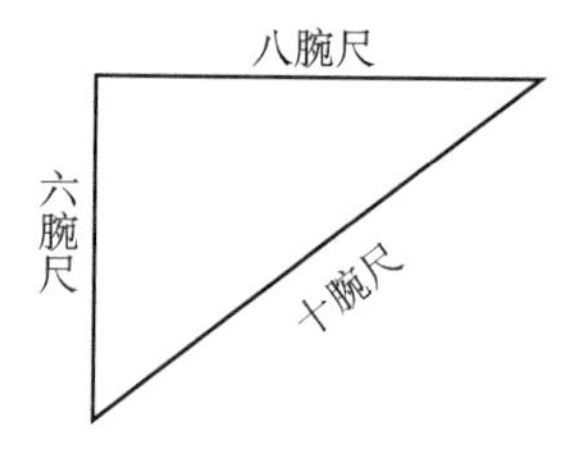

若想要通过高线来计算它，则它的高线只会落在最长边上，这是由于较短的两边（相互）垂直。若这是你想要的，则将它的高乘以底边的二分之一，所得即为其面积。

至于第二种类型，如边相等的锐角三角形，其每条边为十腕尺，我们知道通过其高线及垂足[①]来求其面积（的方法）。如下图所示：

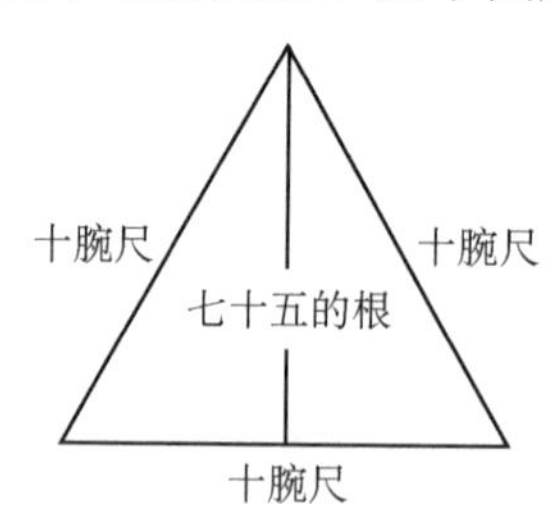

① 原文字面的意思为“石头的落点”。

我们知道，对于每个有两条相等边的三角形，它们之间的高线垂直于底边，此时高线会（与底边）形成直角；且若两边相等，则垂足会落在底边中点处；但是若两边不等，则垂足不会落在底边中点处。我们知道，对于这个三角形，其任意边（高线）的垂足均落在其中点处，其（底边的二分之一）为五腕尺。为了求出高线，将五自乘，且将任一条边，即十自乘，结果为一百。从中减去五自乘的结果，即二十五，剩余七十五。取其根，所得即为高线，且其为两个直角三角形的（公共）边。

若要求其面积，则七十五的根乘以底边的二分之一，即五。随后将五自乘，目的是求七十五的根乘以二十五的根。将七十五乘以二十五，结果为一千八百七十五，取其根即为其面积，它等于四十三再加上一小部分物[1]。

对于不等边的锐角（三角形），我们可以通过其垂足和高线来求得它们的面积。设有一个三角形，其一条边为十五腕尺，第二条边为十四腕尺，第三条边为十三腕尺。若要求出其垂足，首先确定选取哪条边作为底边，不妨设其长为十四腕尺，这就是垂足（所在边）；则其上的垂足距离任何一条选定边的距离（可设）为物，不妨设其距离长为十三腕尺（的边）距离为物；将其自乘，得到根的平方；将其从十三自乘的结果中减去，其为一百六十九，得到一百六十九减去根的平方，因此知道它的根即为高线长。底边剩余的部分为十四减去物，将其自乘，得到一百九十六加上根的平方减去二十八倍的物，将其从十五自乘（的结果）中减去，则剩余二十九加上二十八倍的物再减去根的平方，其根为高线长。由于它的根为高线长，且一百六十九减去根的平方的根同样为高线长，我们知道它们相等。将二者对消，由于两个根的平方均为减去的，则将根的平方与根的平方消去，剩余一百六十九等于二十九加上二十八倍的物，将二十九从一百六十九中移走，则剩余一百四十等于二十八倍的物，一倍的物为五，此即为垂足距离长为十三腕尺的边的距离；底边的剩余部分即为其距离另一条边的长度，其为九。若要求高线的长，则将这个五自乘，将乘积从其靠近边自乘（的结果）中减去，即十三乘以十三，则剩余一百四十四，取其根即为高线长，其为十二。高线通常会落在底边上并得到两个直角，这也是为什么它们被称为高线的原因，因为它们是直的。则将高线长乘以底边的二分之一，即七，结果

---

① 花拉子密此处承认无理根的存在：$\sqrt{1875}=43+a$，其中 a 为 $\sqrt{1875}$ 的小数部分。

为八十四，得到其面积。如下图所示：

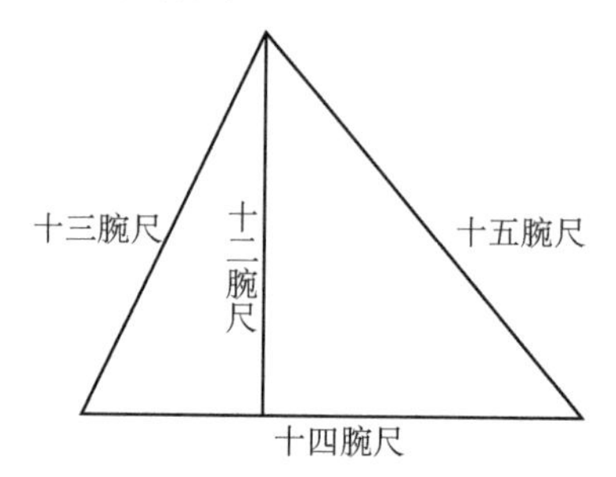

第三种类型：钝角（三角形）指的是有一个钝角的三角形，这种三角形三条边的长度不等。（不妨设一个钝角三角形）一条边长六腕尺，一条边长五腕尺，一条边长九腕尺。若通过高线和垂足来求其面积，这个三角形内部（高线的）垂足只能落在最长边上，设其为底边。若将两条较短边之一作为底边，则垂足会落在三角形的外部。为了求得垂足和高线，可以仿照在锐角三角形例题中的算法。如下图所示：

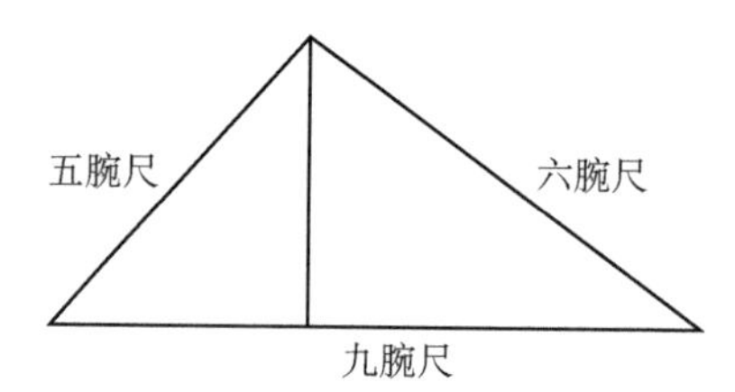

至于圆，我们已经在本章开头部分补全了对其的描述和面积的求法。若有一圆，其直径为七腕尺，其周长为二十二腕尺。为了得到它的面积，将半径，即三又二分之一，乘以其半周长，即十一腕尺，结果为三十八加上二分之一（平方）腕尺，此即为其面积。

若你愿意，可将直径，即七，自乘得到四十九；从其中减去其七分之一加上七分之一的二分之一，其为十又二分之一，剩余三十八又二分之一（平方腕尺），此即为其面积。如下图所示：

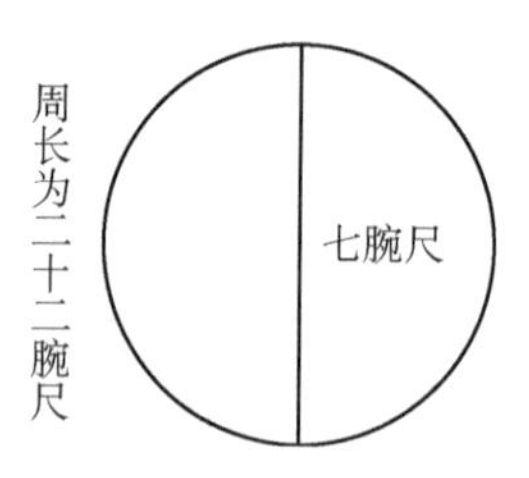

若有人说：现有一个棱台[①]，其下底面为四腕尺乘以四腕尺，高为十腕尺，其顶部[②]为二腕尺乘以二腕尺。

我们已经指出对于所有的棱锥，若其顶点确定，则其底面积的三分之一乘以其高所得即为其体积。但是此处是不确定的，需要知道还需多少高度，才能将其由没有顶点变为补齐顶点。知道这是十，（将其）与最长的边相比应等于二与四的比例，其中二是四的二分之一。若如此，则十是这个长度的二分之一，其全部长度为二十腕尺。此时知道这个长度，则取下底面面积的三分之一，其为五又三分之一；将其乘以这个长度，即二十腕尺，得到一百〇六又三分之二（立方）腕尺。想要从其中移走曾经为补全这个锥体而添加的部分，其为一又三分之一，这是三分之一的底面积，（其中底面积）为二乘以二，将其乘以十，得到十三又三分之一。这是曾经为了补全这个锥体而添加部分的体积。若将其从一百〇六又三分之二（立方）腕尺中移走，则剩余九十三又三分之一（立方）腕尺，此即为这个棱台的体积。如下图所示：

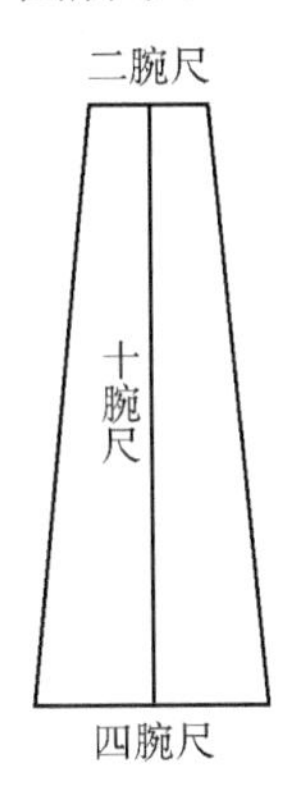

对于圆锥而言，从直径自乘的结果中移走其七分之一和七分之一的二分之一，剩余即为其面积。[③]

有人说：设有一块三角形土地，其两条边为十腕尺和十腕尺，底边为十二腕尺。在其内部有一块正方形土地，这个正方形的每条边长为多少？

解题过程：为了得到三角形的高，将其底边的二分之一，即六自乘，结果

① 原文字面意思为圆锥。
② 此处指的是棱台的上底面。
③ 此处花拉子密仅给出圆锥底面积的求法。

为三十六；将其从两条较短边中一条自乘的结果，即一百中减去，剩余六十四；取其根，得到八，此即为高线长。这个三角形的面积为四十八（平方）腕尺；此即为将高线乘以底边的二分之一，即六。设这个正方形的一条边长为物，将其自乘得到一倍的平方。此时知道还有两个三角形在这个正方形的两侧，以及一个三角形位于其上部。这个正方形两侧的两个三角形相等；它们的高相等，且均为直角（三角形）。为了得到它们的面积，将一倍的物乘以六再减去二分之一的物，结果为六倍的物减去平方的二分之一，此即为这个正方形两侧两个三角形的面积之和。

为了得到顶部三角形的面积，将八减去一倍的物，即为高线，乘以物的二分之一，结果为四倍的物减去平方的二分之一。则正方形的面积和三个三角形的面积（之和）为十倍的物，其等于四十八，此即为大三角形的面积。则一倍的物等于四又五分之四腕尺，此即为这个正方形的边长。[①]如下图所示：

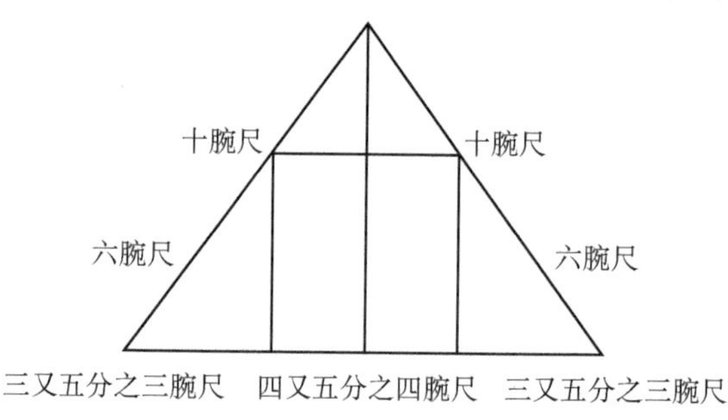

① 原文的解题思路是首先求出等腰三角形的高，即 $h=8$，随后求出其面积 $s=48$。设所求正方形边长为 x，其面积等于 x^2，花拉子密利用所求正方形的面积加上其两侧及上部三个小三角形的面积之和等于最大三角形的面积，建立方程 $x^2+\frac{x}{2}(12-x)+\frac{x}{2}(8-x)=10x=48\longrightarrow x=4\frac{4}{5}$。事实上，花拉子密可以继续利用上题中的算法，即利用图形的相似性来计算，如下图所示：$\frac{AH}{AK}=\frac{DE}{BC}\longrightarrow\frac{8-x}{8}=\frac{x}{12}\longrightarrow 20x=96\longrightarrow x=4\frac{4}{5}$。

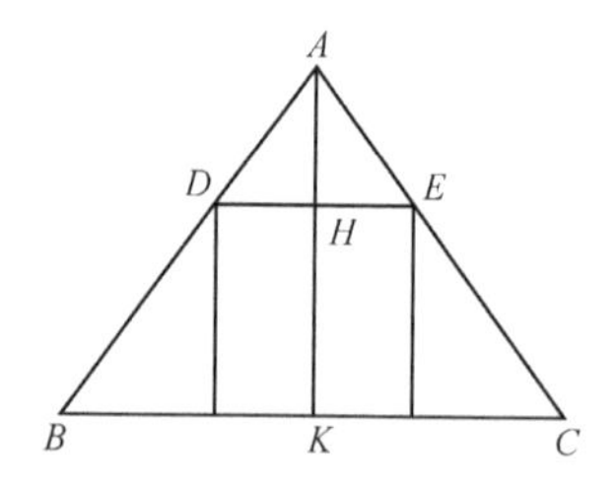

遗　赠　卷

遗产与债务章

问题：一个男人去世后留下两个儿子和十①的财产，并将其总遗产的三分之一赠给一个某人。其中一个儿子欠了父亲的债务，这个儿子将不享有这十（中的任何部分）。

解题过程：设所求债务为物②，将其加财产，即十，结果为十加物。随后取其三分之一，此即为将其总遗产的三分之一进行遗赠的部分，得到三又三分之一再加三分之一的物；剩余六又三分之二再加三分之二的物。将其在两个儿子间平分，则每个儿子得到三又三分之一再加三分之一的物，它等于所求物。将其对消，即在一倍物中取出三分之一的物以对消三分之一的物，则剩余三分之二的物等于三又三分之一。需要将物补全，则将其加自身的二分之一，且将三又三分之一（也）加其自身的二分之一，结果为五，此即为物的值，也就是所求债务的值。③

问题：若一个男人去世后留下两个儿子和十的财产，其中一个欠了父亲债务的儿子不得享有这十（中的任何部分）。此外，赠给某人的部分为总遗产的五分之一加一。

---

① 在本章原文中，具体数字的单位为阿拉伯货币单位——迪拉姆。在原文中，该词有时出现，有时不出现，为了统一，译者在中译文中将其全部删除。

② 待分配的总遗产等于死者留下的财产加其生前的债务，本题中为十加其中一个儿子欠其的债务。

③ 本题中给某人的遗赠等于总遗产的$\frac{1}{3}$，因此每个儿子也享有总遗产的$\frac{1}{3}$。由于一个儿子欠了父亲的债务，将其加父亲留下的财产后进行分配，这个儿子所得的遗产与其原有的债务相抵消。设这个儿子的债务为 x，则总遗产为 $(10+x)$，则有

$$\frac{10+x}{3}=x \longrightarrow 3+\frac{1}{3}+\frac{x}{3}=x \longrightarrow \frac{2}{3}x=3+\frac{1}{3} \longrightarrow \frac{2}{3}x\left(1+\frac{1}{2}\right)=\left(3+\frac{1}{3}\right)\left(1+\frac{1}{2}\right) \longrightarrow x=5。$$

陌生人得到5，其中一个儿子得到5，另一个有债务的儿子所得遗产与其债务抵消。

解题过程：设所求债务为物，将其加十，结果为物加十。取其五分之一，即遗赠中所占总遗产的五分之一，它等于二加五分之一的物，剩余八加五分之四的物。随后再取出遗赠的一，剩余七加五分之四的物。将其在两个儿子之间平分，结果每个儿子得到三又二分之一再加五分之二的物等于物。从物中取出五分之二的物，剩余五分之三的物等于三又二分之一。为了补全物，将其加自身的三分之二，且将三又二分之一（也）加其自身的三分之二，即二又三分之一，结果为五又六分之五，此即为物的值，也就是所求债务的值。①

问题：如果一个男人去世后留下三个儿子和十的财产，将其总遗产的五分之一减去一赠给某人。其中有一个欠其债务的儿子不得享有这十（中的任何部分）。

解题过程：设所求债务为物，将其加上十，结果为十加物。遗赠从中取出其五分之一，即二加五分之一的物，剩余八加五分之四的物。随后取出一，这是前面减去的一，结果为九加五分之四的物。将其在三个儿子间平分，每个儿子得到三加五分之一的物再加五分之一的三分之一的物，结果等于一倍的物。从物中取出五分之一的物加五分之一的三分之一的物，剩余将物所等分十五份中的十一份，它等于三。需要将物补全，则加它②等分十一份中的四份，且对三加上相同（的比例），即一加（一）所分十一份中的四份，结果为四加一所分十一份中的一份，它等于物，即所求的债务。③

---

① 设其中一个儿子欠父亲的债务为 x，将其加父亲的财产得到总遗产为 $(10+x)$，其中赠给某人的部分为 $\left(\frac{10+x}{5}+1\right)$，剩余 $(10+x)-\left(\frac{10+x}{5}+1\right)=\frac{4}{5}(10+x)-1=7+\frac{4}{5}x$，其中每个儿子得到二分之一，即 $3+\frac{1}{2}+\frac{2}{5}x$，则有方程 $3+\frac{1}{2}+\frac{2}{5}x=x\longrightarrow\frac{3}{5}x=3+\frac{1}{2}\longrightarrow\frac{3}{5}x\left(1+\frac{2}{3}\right)=\left(3+\frac{1}{2}\right)\left(1+\frac{2}{3}\right)\longrightarrow x=\left(3+\frac{1}{2}\right)\left(1+\frac{2}{3}\right)\longrightarrow x=5+\frac{5}{6}$。其中遗赠的部分为 $4\frac{1}{6}$，欠父亲债务儿子的应得遗产与其债务抵消。

② 原文此处为“物”，相当于 x。但是应当为 $\frac{11}{15}x$，即我们要加 $\frac{11}{15}x$ 的 $\frac{4}{11}$，而不是加 $\frac{4}{11}x$。

③ 设其中一个儿子欠父亲的债务为 x，因此遗赠为 $\left(\frac{10+x}{5}-1\right)$，剩余 $\frac{4(10+x)}{5}+1=9+\frac{4}{5}x$，剩余部分要在三个儿子间平分，每个儿子得到 $3+\frac{x}{5}+\frac{1}{3}\cdot\frac{x}{5}$，则有方程 $3+\frac{x}{5}+\frac{1}{3}\cdot\frac{x}{5}=x\longrightarrow\frac{11}{15}x=3\longrightarrow\frac{11}{15}x\cdot\left(1+\frac{4}{11}\right)=3\cdot\left(1+\frac{4}{11}\right)\longrightarrow x=3+\left(1+\frac{1}{11}\right)=4+\frac{1}{11}$。

另一类遗赠问题（之二）[①]章

问题：一个男人去世后留下他的母亲、妻子及与他同父同母的一个兄弟和两个姐妹，此外还将其总遗产的九分之一赠给某人。

解题过程：根据他们（继承人）每个人的权利，你会发现应将财产[②]分为四十八份[③]。对于任何一笔财产，如果取出其九分之一，则剩余其九分之八；取出的部分相当于剩余部分的八分之一。为了将总遗产补全，将九分之八加其八分之一，将四十八也加其八分之一，即（加）六，结果为五十四。其中陌生人得到的遗赠为其九分之一，即六；剩余的四十八将会在继承人间按照他们的份额进行分配。[④]

---

① 在接下来的例题中，花拉子密不再给出具体遗产的数额。如果设总遗产为 C，其中一份遗赠或者一份继承人的份额为 x，则问题便会转化为求解如下形式的齐次方程：

$$aC = bx\ （其中\ a,b\ 为已知整数）$$

对此通常涉及两种解法：

（1）我们可以利用 C 的分数形式来表示遗赠和继承人各自的份额；

（2）我们也可以选取一个参量 t，得到 $\begin{cases} C = bt \\ x = at \end{cases}$，这样便可以将遗赠和继承人各自的份额表示为参量 t 的函数。一般情况下，花拉子密这样做的原因是为了求得整数解。

② 此处指总遗产的 $\frac{8}{9}$。

③ 通过下面的论述可知，伊斯兰遗产继承法规定，在总遗产中减去遗赠后，剩余的遗产在继承人间分配。这部分遗产首先在其配偶和父母间按照固定比例分配，剩余的部分在兄弟姐妹和子女间分配。其中同等地位的男性继承人所得份额是女性继承人的二倍。故若一个男人去世后，他的妻子首先得到遗产的 $\frac{1}{8}$；若一个女人去世后，她的丈夫首先得到遗产的 $\frac{1}{4}$。随后，死者的母亲得到其 $\frac{1}{6}$。最后，死者的兄弟得到剩余部分的 $\frac{1}{2}$，每个姐妹得到剩余部分的 $\frac{1}{4}$。

④ 设总遗产为 C，其中遗赠为 $\frac{1}{9}C$，剩余 $\frac{8}{9}C$ 在继承人间进行分配。妻子得到 $\frac{1}{4}$，母亲得到 $\frac{1}{6}$，二者之和为 $\frac{1}{4}+\frac{1}{6}=\frac{5}{12}$；剩余 $\frac{7}{12}$ 在兄弟姐妹间进行分配，他的一个兄弟得到其一半，即 $\frac{7}{24}$；两个姐妹得到另一半，则每人得到 $\frac{7}{48}$。由于 $\frac{8}{9}C$ 被分为了 48 份，得到方程

$$\frac{8}{9}C = 48x \longrightarrow \frac{8}{9}C\cdot\left(1+\frac{1}{8}\right) = 48x\cdot\left(1+\frac{1}{8}\right) \longrightarrow C = 54x$$

若我们将 x 视为一个参量，则遗赠为 $6x$，每个继承人得到的份额依次为：妻子得到 $12x$，母亲得到 $8x$，兄弟得到 $14x$，每个姐妹得到 $7x$。如果将 C 视为一个参量，则遗赠为 $\frac{C}{9}$，每个继承人得到的份额依次为 $\frac{2}{9}C$、$\frac{4}{27}C$、$\frac{7}{27}C$ 和 $\frac{7}{54}C$。

问题：一个女人去世后留下她的丈夫、一个儿子和三个女儿，此外将其总遗产的八分之一和七分之一遗赠给某人。

解题过程：根据法律[①]确定份额，你会发现应分为二十（份）。取总遗产中八分之一与七分之一之和，其为五十六（分之十五）。从（遗产）中取出其八分之一与七分之一之和，则剩余总遗产减去其八分之一与七分之一之和。为了补全总遗产，需要将所有（项）加其等分四十一份中的十五份。将由法律确定的份额，即二十，乘以四十一，结果为八百二十。加其所分四十一份中的十五份，即八百二十份中的三百份，则和为一千一百二十份。其中遗赠部分为其八分之一与七分之一的和，它的七分之一与八分之一的和为三百；其七分之一为一百六十，其八分之一为一百四十，剩余八百二十份在继承人之间按份额分配。[②]

另一类遗赠问题（之三）章

如果遗赠超过（总遗产的）三分之一，此时若部分继承人不接受（遗赠），且有部分继承人接受。对此情况，法律规定对于那些接受遗赠超过（总遗产的）三分之一的继承人，这些钱要从他所继承的份额中出；对于不接受的继承人而言，无论如何，他要负担三分之一。

---

① 指伊斯兰遗产继承法，后文同此。

② 本题中遗赠为$\left(\frac{1}{8}+\frac{1}{7}\right)C=\frac{15}{56}C$。剩余的$\frac{41}{56}C$将按照如下方式在继承人间分配：丈夫首先得到其$\frac{1}{4}$，剩余的$\frac{3}{4}$在子女间分配，每个儿子所得为每个女儿的二倍，则将$\frac{3}{4}\div 5=\frac{3}{20}$，此即为每个女儿的所得，每个儿子得到$\frac{6}{20}$，则此时每个继承人得到的遗产为：丈夫$\frac{1}{4}\cdot\frac{41}{56}C=\frac{5}{20}\cdot\frac{41}{56}C$；儿子$\frac{6}{20}\cdot\frac{41}{56}C$；每个女儿$\frac{3}{20}\cdot\frac{41}{56}C$。由于$\frac{41}{56}C$应包含20份额，若我们将每一份份额设为$x$，则有

$$\frac{41}{56}C=20x\longrightarrow\frac{41}{56}C\cdot\left(1+\frac{15}{41}\right)=20x\cdot\left(1+\frac{15}{41}\right)\longrightarrow C=20x+\frac{15}{41}\cdot 20x\longrightarrow C=\frac{820}{41}x+\frac{300}{41}x=\frac{1120}{41}x$$

其中遗赠的部分为$\frac{300}{41}x$，剩余$\frac{820}{41}x=20x$将在继承人间进行分配。本题的齐次方程$aC=bx$相当于$41C=1120x$，我们也可以设$\begin{cases}C=1120t\\x=41t\end{cases}$，则遗赠为$300t$，剩余$820t$将在继承人之间进行分配。

问题：一个女人去世后留下她的丈夫、母亲和一个儿子，并且将其遗产的五分之二遗赠给某人，遗产的四分之一遗赠给另一个人。其中儿子完全接受两份遗赠，母亲只接受遗产的二分之一，而丈夫仅仅接受遗产的三分之一。[①]

解题过程：根据法律来确定份额，你会发现有十二份。其中儿子得到七份，丈夫得到三份，母亲得到两份。已知丈夫只接受三分之一，因此他手中保留的遗产应为他拿出作为遗赠部分的二倍，他继承三份份额，拿出一份作为遗赠，自己留下两份。

至于儿子，他接受全部的两份遗赠，因此他需拿出自己继承全部遗产的五分之二加四分之一；如果将他所继承的遗产分为二十份的话，那么他手中剩余的为二十份中的七份。

至于母亲，她手中剩余的遗产应等于她拿出（作为遗赠）的部分，其为一（份），这是由于她共继承两份。

现取遗产总额，它的四分之一可以继续被分为三份，且它的六分之一可以继续平分，此外剩余的部分可以分为二十份，则其等于二百四十。其中母亲得到六分之一，即四十，（她拿出）二十作为遗赠且留下二十；丈夫继承其四分之一，即六十，（他拿出）二十作为遗赠且留下四十；剩余的一百四十被儿子所继承，（他拿出）其五分之二加其四分之一作为遗赠，即九十一，此时儿子

---

① 此部分例题针对的是当遗赠超过总遗产的$\frac{1}{3}$时，继承人们不完全接受遗嘱中遗赠的情况。如果继承人所接受的遗赠均大于等于各自继承遗产的$\frac{1}{3}$，则首先将总遗产在继承人之间分配，随后按照每个继承人的要求重新分配；如果并非所有的继承人承认的遗赠均大于等于自身的$\frac{1}{3}$，则首先将总遗产的$\frac{1}{3}$拿出作为遗赠，剩余的$\frac{2}{3}$在继承人之间分配，随后按照各个继承人的要求重新分配。此种类型问题共两道例题，分别属于这两种情况。第一题中两份遗赠为总遗产的$\frac{2}{5}+\frac{1}{4}=\frac{13}{20}>\frac{1}{3}$。儿子完全接受两份遗赠，则他将捐出所获得遗产的$\frac{13}{20}$；母亲仅接受二分之一，丈夫接受其$\frac{1}{3}$。首先在总遗产中丈夫得到其$\frac{1}{4}$，母亲得到$\frac{1}{6}$，剩余的$\frac{7}{12}$为儿子所有。因此将总遗产分为 12 份，丈夫得到 3，且捐出$\frac{1}{3}$，剩余 2；母亲得到 2，捐出二分之一，剩余 1；儿子得到 7，捐出其$\frac{13}{20}$。设总遗产为$C=12\times20t=240t$，丈夫得到$60t$，捐出$20t$；母亲得到$40t$，捐出$20t$；儿子得到$140t$，捐出$91t$，则总遗赠为$131t$，此时两份遗赠分别为$\frac{8}{13}\times131t$和$\frac{5}{13}\times131t$。为了使两份遗赠为整数，设$t=13$或13的整数倍；若设$t=13$，则有$C=240\times13=3120$。

剩余四十九。全部的遗赠为一百三十一，将在两个受赠人之间分配，其中得到五分之二遗赠的人应得到其十三份中的八份，得到四分之一遗赠的人应得到其十三份中的五份。若想将两份用份数表示的遗赠化为整数，将根据法律确定的份数乘以十三便可以化为整数，得到（总遗产为）三千一百二十份。

如果儿子只接受遗赠为五分之二那个人的五分之二，并不接受另一份遗赠；母亲只接受遗赠为四分之一那个人的四分之一，并不接受另一份遗赠；丈夫只接受他们（作为总遗产）的三分之一。知道这两个受赠人所得（作为总遗产的）三分之一的遗赠是所有继承人需要负担的。接受五分之二（遗赠的人）所得为其（即总遗产的三分之一）所分十三份中的八份；接受四分之一（遗赠的人）所得为其十三份中的五份。像前面（指上题）说过的那样，根据法律来确定份额，结果为十二，（其中）丈夫得到四分之一，母亲得到六分之一，剩余为儿子所得。①

解题过程：本来丈夫手中有三份份额，但是丈夫要放弃他所得的三分之一，

---

① 本题遗嘱与上题相同，但本题中儿子只接受第一份遗赠，即总遗产的$\frac{2}{5}$，并不接受第二份遗赠；母亲只接受第二份遗赠，即总遗产的$\frac{1}{4}$，并不接受第一份遗赠；丈夫只接受两份遗赠之和为总遗产的$\frac{1}{3}$。此时这$\frac{1}{3}$是所有继承人必须共同承担的，设总遗产为C，其中$\frac{1}{3}C$是首先必须拿出作为遗赠的。按照遗嘱中的比例在两个受赠人之间分配这笔钱，其比例为$\frac{2}{5}:\frac{1}{4}=8:5$，因此对于这$\frac{1}{3}C$的遗赠两个受赠人分别得到$\frac{8}{39}C$和$\frac{5}{39}C$，这种分配首先满足了丈夫的要求。随后母亲仅承认给第二个受赠人总遗产的$\frac{1}{4}$，因此第二受赠人还需得到$\frac{1}{4}C-\frac{5}{39}C=\frac{19}{156}C$，但是需要注意的是，母亲无权要求剩余的继承人也拿出相应比例的遗产，因此只是母亲拿出自己所继承遗产的$\frac{19}{156}$，即$\frac{2}{3}C\times\frac{1}{6}\times\frac{19}{156}=\frac{1}{9}C\times\frac{19}{156}$。也就是说，如果继承人对于遗嘱中的遗赠有异议，则最终遗赠必然达不到遗嘱中的比例要求。如果母亲的遗产为156，第二个受赠人已经得到母亲所出的$156\times\frac{1}{3}\times\frac{5}{13}=20$，她还需要出19给第二受赠人，即两个受赠人共从母亲手中得到$20+19=39$，才能达到母亲所继承遗产156的$\frac{1}{4}$。同理，儿子承认第一受赠人的那份遗赠，即$\frac{2}{5}$，因此他必须将自己所继承遗产的$\frac{2}{5}$拿出给第一受赠人，在三个继承人共同负担了总遗产的$\frac{1}{3}$后，儿子还需要负担自身的$\frac{2}{5}-\frac{8}{39}=\frac{38}{195}$。若儿子继承的遗产为195，则第一受赠人已经从儿子手中得到$\frac{1}{3}\times\frac{8}{13}\times195=40$，此时儿子还需再出38，则第一受赠人得到78，其为195的$\frac{2}{5}$，这样便达到儿子的要求。

同样母亲也要放弃她所得的三分之一（此外儿子也是如此），每份遗赠应按照各自的比例分配。母亲接受了遗赠为其遗产四分之一那个人的遗赠，其中四分之一与他在遗赠中所占比例之差为她继承遗产所分一百五十六份中的十九份。因此她的遗产必须为一百五十六，他（即第二受赠人）从母亲的遗产中已经得到（总遗产）三分之一部分为二十份，因为她承认他（第二受赠人）的遗赠为其遗产的四分之一，即三十九。我们已从她手中取出了三分之一的遗产给他们（即两个受赠人），此外还需取出十九份给她承认遗赠的（第二受赠人）。

儿子接受遗赠为五分之二的那个人的遗赠，儿子所得遗产的五分之二与他（即第一受赠人）在三分之一中所占的比例之差为儿子继承遗产的一百九十五分之三十八。在他们（即两个受赠人）共同得到总遗产的三分之一（作为遗赠）后，其中他（即第一受赠人）得到（儿子继承遗产中）三分之一所分十三份中的八份，即四十。但是他（即儿子）承认了将其继承遗产的五分之二，即七十八给他（即第一受赠人）。儿子已从自己的遗产中拿出三分之一，即六十五给他们（即两个受赠人），此外还需单独取出三十八（给第一受赠人）。[①]

若你想将按照法律确定的份额化为整数，则其为二十一万七千六百二十。

---

① 总遗产的$\frac{2}{3}$在三个继承人和两个受赠人间的分配比例如下：

丈夫：$\frac{2}{3}C\cdot\frac{1}{4}=\frac{1}{6}C$；

母亲：$\frac{2}{3}C\cdot\frac{1}{6}=\frac{1}{9}C$；

儿子：$\frac{2}{3}C\cdot\frac{7}{12}=\frac{7}{18}C$；

第一受赠人：$\frac{1}{3}C\cdot\frac{8}{13}=\frac{8}{39}C$；

第二受赠人：$\frac{1}{3}C\cdot\frac{5}{13}=\frac{5}{39}C$。

此外母亲承认第二受赠人的遗赠占其遗产的$\frac{1}{4}$，则需要额外给第二受赠人母亲自身的$\frac{1}{4}-\frac{5}{39}=\frac{19}{156}$，即$\frac{19}{156}\times\frac{1}{9}C$；同理，儿子需要额外给第一受赠人儿子自身的$\frac{2}{5}-\frac{8}{39}=\frac{38}{195}$，即$\frac{38}{195}\times\frac{7}{18}C=\frac{19}{195}\times\frac{7}{9}C$。为了使得份额为整数，必须使$C$同时为$156\times9$与$195\times9$的公倍数，其中$156\times9=2^2\times3^3\times13$；$195\times9=3^3\times5\times13$，因此取$C=2^2\times3^3\times5\times13=7020$或$7020t\left(t\in\mathbf{Z}^+\right)$。其中丈夫得到$\frac{1}{6}C=1170t$，母亲得到$780t$，儿子得到$2730t$。在第一次取出总遗产的$\frac{1}{3}$作为遗赠时，两个受赠人分别得到了$1440t$和$900t$。随后，母亲取出$95t$给第二受赠人，儿子取出$532t$给第一受赠人。若$t=31$，则$C=217620$，这是花拉子密给出的数据。

另一类遗赠问题（之四）章

问题：一个男人去世后留下他的四个儿子和他的妻子，另外给某人的遗赠相当于每个儿子的份额减去妻子的份额。

解题过程：根据法律规定，确定份额数目有三十二份，其中八分之一属于妻子，即四份；每个儿子得到七份。则给某人的遗赠相当于每个儿子所继承遗产的七分之三，根据法律，相当于每个儿子继承遗产的七分之三，即遗赠，得到的总遗产为三十五。其中遗赠为三十五份中的三份，剩余三十二份在继承人之间按照各自的份数分配。①

问题：一个男人去世后留下两个儿子和一个女儿，且给某人的遗赠等于若有第三个儿子时每个儿子的份额。对于这种情况，你需要观察当有第三个儿子存在时他们（即继承人）的份额是多少？你发现为七，每个儿子（继承的遗产）为（在继承人间分配部分的）七分之二。随后观察（当儿子为两个时）他们（即继承人）的份额是多少？发现为五，将它乘以七的目的是（使所得结果的）七分之一（为整数），结果为三十五份，将其加自身的七分之二，即十，结果为四十五，其中给某人的遗赠为十，每个儿子得到十四，女儿得到七。②

问题：一个男人去世后留下母亲、三个儿子和一个女儿，给某人的遗赠相当于一个儿子的份额减去如果还有另一个女儿的份额。

解题过程：根据法律规定确定遗产的份额数，也就是要找到一个物，使其既可以在（原有）继承人之间分配，也可以在如果多出一个女儿的情况下进行

---

① 本题中妻子得到遗产的 $\frac{1}{8}$，剩余 $\frac{7}{8}$ 在四个儿子中平分。为了使 $\frac{7}{8}C$ 被 4 除得到整数解，花拉子密设遗产为 32 份，其中 $\frac{1}{8}$ 给妻子，即 4 份；剩余每个儿子得到其中的 7 份。

若设总遗产为 C，每份继承人的遗产为 x，则遗赠为 $7x-4x=3x$。因此有 $C=35x$ 或 $x=\frac{C}{35}$，其中遗赠为 $3x=\frac{3C}{35}$，$4x=\frac{4C}{35}$ 为母亲所得，每个儿子得到 $7x=\frac{C}{5}$。

② 当有两个儿子和一个女儿的时候，继承人的遗产分为 5 份；如果有第三个儿子，则分为 7 份，每个儿子得到 2 份，女儿得到 1 份。

若设总遗产为 C，遗赠为 x，则有 $\frac{2}{7}(C-x)=x\longrightarrow\frac{2}{7}C=\frac{9}{7}x\longrightarrow x=\frac{2}{9}C$，剩余 $\frac{7}{9}C$ 给两个儿子和一个女儿，每个儿子得到 $\frac{2}{5}\times\frac{7}{9}C=\frac{14}{45}C$，女儿得到 $\frac{1}{5}\times\frac{7}{9}C=\frac{7}{45}C$。

若设 $C=45t$，则遗赠为 $10t$，每个儿子得到 $14t$，女儿得到 $7t$。

分配，发现为三百三十六。[①]

（如果有两个女儿时）每个女儿的份额为三十五，（只有一个女儿时）每个儿子得到八十份，二者之差为四十五，此即为遗赠。将其加三百三十六，结果为三百八十一，此即为总遗产的份额数。

问题：一个男人去世后留下三个儿子，且给某人的遗赠相当于一个儿子的份额减去假如再有一个女儿的份额，再加（总遗产的）三分之一（减去前面结果后）剩余部分的三分之一。

解题过程：首先根据法律确定份额，也就是要求一物，使其既可以在（原有）这些继承人之间分配，也可以在多出另外一个女儿的情况下分配，结果为二十一。如果有另外一个女儿，则她继承遗产为三，（原来每个）儿子继承七，则给某人的遗赠为儿子份额的七分之四再加（总遗产的）三分之一（减去）其后剩余部分的三分之一。[②]取（总遗产的）三分之一，从中减去一个儿子

---

① 如果继承人为母亲、三个儿子和一个女儿，则遗产的 $\frac{1}{6}$ 属于母亲，$\frac{5}{42}$ 属于女儿，每个儿子得到 $\frac{10}{42}$；如果再多出一个女儿，则遗产中的 $\frac{1}{6}$ 属于母亲，每个女儿得到 $\frac{5}{48}$，每个儿子得到 $\frac{10}{48}$。设遗赠为 x，则有

$$(C-x)\left(\frac{10}{42}-\frac{5}{48}\right)=x \longrightarrow x=\frac{45}{335}(C-x) \longrightarrow 381x=45C \text{ 或 } x=\frac{45}{381}C$$

在继承人之间分配的遗产为 $C-x=\frac{336}{381}C$，其中母亲的份额为 $\frac{1}{6}(C-x)=\frac{56}{381}C$，女儿的份额为 $\frac{5}{42}(C-x)=\frac{40}{381}C$，每个儿子的份额为 $\frac{10}{42}(C-x)=\frac{80}{381}C$；当有两个女儿时，母亲份额不变，每个女儿的份额为 $\frac{5}{48}(C-x)=\frac{5}{48}\cdot\frac{336}{381}C=\frac{35}{381}C$，此时一个儿子的份额减去假设存在的第二个女儿份额为：$\frac{80}{381}C-\frac{35}{381}C=\frac{45}{381}C$，此即为遗赠的大小。

② 如果有三个儿子，则遗产为 3 份；如果再多出一个女儿，则遗产为 7 份。设在第一种情况下每个儿子的份额为 x，遗产部分为 $3x$，则在第二种情况下女儿的份额为 $\frac{3}{7}x$，由题意得遗赠为 $\frac{4}{7}x+\frac{1}{3}\left(\frac{1}{3}C-\frac{4}{7}x\right)=\frac{C}{9}+\frac{8}{21}x$，得到方程

$$C-\left(\frac{C}{9}+\frac{8}{21}x\right)=3x \longrightarrow \frac{8}{9}C=3x+\frac{8}{21}x \longrightarrow \frac{8}{9}C\left(1+\frac{1}{8}\right)=\left(3x+\frac{8}{21}x\right)\left(1+\frac{1}{8}\right) \longrightarrow C=\frac{213}{56}x=3x+\frac{45}{56}x$$

若 $C=213t$，$x=56t$，则遗赠中的 $\frac{1}{3}\left(\frac{1}{3}C-\frac{4}{7}x\right)=13t$，由此遗赠为 $45t$；剩余 $168t$ 为三个儿子所有。对于任意的 C，每个儿子得到 $\frac{56}{213}C$，总的遗赠为 $\frac{45}{213}C$。

份额的七分之四，剩余总遗产的三分之一减去一个儿子份额的七分之四。随后减去（总遗产的）三分之一中剩余部分的三分之一[①]，即（减去）九分之一的遗产减去（儿子）份额的七分之一加其七分之一的三分之一，则剩余总遗产的九分之二[②]减去儿子份额的七分之二加儿子份额七分之一的三分之二；再将所得加总遗产的三分之二，结果为总遗产的九分之二减去儿子份额的七分之二加儿子份额七分之一的三分之二，即儿子份额所分二十一份中的八份，等于三倍儿子的份额。[③]将其还原，结果为九分之八的总遗产等于三倍儿子的份额加一倍儿子份额所分二十一份中的八份。将总遗产补全，即将九分之八加其八分之一，同时将儿子的份额部分也加其八分之一，结果为总遗产等于三倍儿子的份额加一倍儿子份额所分五十六份中的四十五份。（若）儿子的份额为五十六，则总遗产为二百一十三，其中遗赠的第一部分[④]为三十二份，第二部分[⑤]为十三份，剩余一百六十八份，每个儿子得到五十六份。

另一类遗赠问题（之五）章

问题：一个女人去世后留下她的两个女儿、母亲和丈夫，给一个人的遗赠

---

① 此处相当于将总遗产的 $\frac{1}{3}$ 减去遗赠后剩余的部分，即

$$\frac{1}{3}C-\left[\frac{4}{7}x+\frac{1}{3}\left(\frac{1}{3}C-\frac{4}{7}x\right)\right]=\left(\frac{1}{3}C-\frac{4}{7}x\right)-\frac{1}{3}\left(\frac{1}{3}C-\frac{4}{7}x\right)$$

② 原文为“九分之一”，应该为“九分之二”。

③ 上述过程是化简方程 $C-\left[\frac{4x}{7}+\frac{1}{3}\left(\frac{1}{3}C-\frac{4}{7}x\right)\right]=3x$ 的左侧，如下：

$$\text{左}=C-\left[\frac{4x}{7}+\frac{1}{3}\left(\frac{1}{3}C-\frac{4}{7}x\right)\right]=\frac{2}{3}C+\frac{1}{3}C-\left[\frac{4x}{7}+\frac{1}{3}\left(\frac{1}{3}C-\frac{4}{7}x\right)\right]=\frac{2}{3}C+\left(\frac{C}{3}-\frac{4x}{7}\right)-\left[\frac{1}{9}C-\left(\frac{1}{7}+\frac{1}{7}\cdot\frac{1}{3}\right)x\right]$$

$$=\frac{2}{3}C+\left[\frac{2}{9}C-\left(\frac{2}{7}x+\frac{2}{3}\cdot\frac{1}{7}x\right)\right]=\frac{8}{9}C-\left(\frac{2}{7}x+\frac{2}{3}\cdot\frac{1}{7}x\right)=\frac{8}{9}C-\frac{8}{21}x=3x=\text{右}$$

④ 此处指的是当 $x=56$ 时，$\frac{4}{7}x=32$。

⑤ 此处指的是当 $x=56$，$C=213$ 时，$\frac{1}{3}\left(\frac{1}{3}C-\frac{4}{7}x\right)=13$。

相当于母亲的份额，给另一个人的遗赠等于总遗产的九分之一。[①]

解题过程：首先根据法律确定遗产份数为十三份，其中母亲得到两份。（两份）遗赠为两份加总遗产的九分之一，则剩余总遗产的九分之八减去在继承人间分配遗产的两份份额。有九分之八的总遗产减去两份等于十三份，为了将总遗产补全，将其加两份，结果为十五份等于九分之八的总遗产。随后加其八分之一，也将十五加其八分之一，即一倍的份额加八分之七的份额。其九分之一是给遗赠为（总遗产）九分之一那个人的，它等于一份的份额加八分之七的份额；另一份遗赠等于母亲的份额，即两份；剩余十三份要在继承人间按照他们的份额分配，为了化为整数可以（将总遗产）分为一百三十五份。[②]

问题：若（她给某人的）遗赠等于丈夫所得遗产的份额加总遗产的八分之一与十分之一的和。

解题过程：根据法律确定遗产份数为十三份，将其加丈夫的份额，即三份，结果为十六份，等于在总遗产中减去其八分之一与十分之一的和，即四十份中的九份。在总遗产中减去八分之一与十分之一剩余总遗产分为四十份中的三十一份，等于十六份（份额）。为了将总遗产补全，将其加（其所分）三十一份中的九份；随后用十六乘以三十一，结果为四百九十六，将其加（其所分）三十一份中的九份，即一百四十四份，结果为六百四十。减去其八分之一与十分之一之和，等于一百四十四，再加丈夫的份额，即九十三，剩余四百零三。

---

① 本节共有四道例题，其中前三道均为一个女人去世后留下她的丈夫、母亲和两个女儿，但是其遗产的分配比例不同于前面章节中的相关问题。从上一节可知，一个女人去世后，其丈夫得到遗产部分的 $\frac{1}{4}$，母亲得到其 $\frac{1}{6}$。而从本节前三题的论述来看，花拉子密将在继承人间分配的遗产分为 13 份。从第一题可知，母亲得到其中的 2 份，但是其余成员不知；从第二题可知，丈夫得到其中的 3 份，每个女儿得到其中的 4 份。

② 设总遗产为 C，每份份额大小为 x，则两份遗赠分别为 $2x$ 和 $\frac{C}{9}$，得到方程

$$\frac{8}{9}C-2x=13x\longrightarrow\frac{8}{9}C=15x\longrightarrow\frac{8}{9}C\left(1+\frac{1}{8}\right)=15x\left(1+\frac{1}{8}\right)\longrightarrow C=15x+x+\frac{7}{8}x=\frac{135}{8}x$$

第一份遗赠为 $2x=2\times\frac{8}{135}C$，即母亲的所得；另一份遗赠为 $\frac{1}{9}C=\frac{15}{8}x$。但是本题中并没有明确丈夫和女儿的分配比例。为了将结果用整数表示，设 $C=135t$、$x=8t$，则第一份遗赠为 $16t$，这同时也是母亲的所得；另一份遗赠为 $15t$。

其中丈夫得到九十三，母亲得到六十二，每个女儿得到一百二十四。[①]

问题：根据法律，如果（继承人的）份额相同，她留给某人的遗赠等于丈夫的份额减去从总遗产中减去此份额后剩余部分的九分之一与十分之一之和。[②]

解题过程：根据法律确定遗产份数为十三份，遗赠为从总遗产中取出三份，则剩余总遗产减去三份。接下来减去总遗产中剩余部分的九分之一与十分之一之和，它等于总遗产的九分之一加其十分之一减去三份份额的九分之一加其十分之一，它（即后者）等于将一份份额所分三十份中的十三份。[③]结果得到总遗产加其九分之一与十分之一之和减去三倍的份额加一倍份额所分三十份中的十九份等于十三份份额。为了还原总遗产，将三份份额加一份份额所分三十份中的十九份加十三份份额，结果为总遗产加其九分之一与十分之一的和等于十六份份额加一份份额所分三十份中的十九份。将其还原为一倍的总遗产，则将其减去其（自身所分）一百零九份中的十九份，剩余一倍的总遗产等于十三份份额加一份份额所分一百零九份中的八十份。若设一倍份额为一百零九份，将十三乘以一百零九份，并将所得加八十份，结果为一千四百九十七，其中丈夫得到三百二十七。

---

① 本题中的继承人与上题相同，因此遗产被分为 13 份，其中丈夫得到 3 份。设每份遗产份额的大小为 x，则遗赠为 $3x+\left(\frac{1}{8}+\frac{1}{10}\right)C$，因此得到方程

$$C-\left(\frac{1}{8}+\frac{1}{10}\right)C=13x+3x\longrightarrow\frac{31}{40}C=16x\longrightarrow\frac{31}{40}C\left(1+\frac{9}{31}\right)=16x\cdot\left(1+\frac{9}{31}\right)\longrightarrow C=\frac{640}{31}x$$

若设 $C=640t$，则有 $x=31t$、$3x=93t$、$\left(\frac{1}{8}+\frac{1}{10}\right)C=\frac{9}{40}C=144t$。在继承人之间分配的遗产为 $640t-(144+93)t=403t$，其中丈夫得到 $93t$，母亲得到 $62t$，每个女儿得到 $124t$。

② 本题解题过程相当于若设每份遗产份额的大小为 x，则遗赠为 $3x-\left(\frac{1}{9}+\frac{1}{10}\right)(C-3x)$，得到方程

$$C-\left[3x-\left(\frac{1}{9}+\frac{1}{10}\right)(C-3x)\right]=13x\longrightarrow C+\left(\frac{1}{9}+\frac{1}{10}\right)C-\left(3x+\frac{19}{30}x\right)=13x$$

$$\longrightarrow C+\left(\frac{1}{9}+\frac{1}{10}\right)C=16x+\frac{19}{30}x\longrightarrow\frac{109}{90}C=16x+\frac{19}{30}x\longrightarrow C=13x+\frac{80}{109}x=\frac{1497}{109}x$$

若设 $x=109t$，则 $C=1497t$，其中丈夫所得为 $327t$ 。

③ 此句话是化简遗赠中的第二部分，即

$$\left(\frac{1}{9}+\frac{1}{10}\right)(C-3x)=\left(\frac{1}{9}+\frac{1}{10}\right)C-\left(\frac{1}{9}+\frac{1}{10}\right)\cdot 3x=\left(\frac{1}{9}+\frac{1}{10}\right)C-\frac{19}{30}x\text{。}$$

问题：一个男人去世后留下他的两个姐妹和妻子①，给某人的遗赠等于一个姐妹的份额减去从总遗赠中减去此遗赠后剩余部分的八分之一。

解题过程：根据法律确定遗产份数为十二份。每个姐妹所得等于在总遗产中减去遗赠后剩余部分的三分之一。已知从总遗产中减去遗赠后剩余部分的八分之一加遗赠等于每个姐妹的份额，其中八分之一的剩余部分等于总遗产的八分之一减去遗赠的八分之一，则有八分之一的总遗产减去八分之一的遗赠加遗赠等于一个姐妹的所得。其等于八分之一的总遗产加八分之七的遗赠，则有总遗产等于八分之三的总遗产加三倍的遗赠加八分之五的遗赠。从一倍总遗产中减去其八分之三，剩余总遗产的八分之五等于三倍的遗赠加八分之五的遗赠，则一倍的总遗产等于五倍的遗赠加五分之四的遗赠。则有总遗产为二十九，遗赠为五，（每个姐妹得到）份额为八。②

另一类遗赠问题（之六）章

问题：一个男人去世后留下四个儿子，他给某人的遗赠相当于一个儿子继承遗产的份额，给另一个人的遗赠等于（从总遗产的）三分之一中（减去上述遗赠后）剩余部分的四分之一。③

---

① 本题中，花拉子密将继承人所得的遗产等分为三份，两个姐妹和妻子各得一份。

② 一个男人去世后，留下他的妻子和两个姐妹，若设每个姐妹遗产份额大小为x，遗赠为y，则有

$$y = x - \frac{1}{8}(C - y) \longrightarrow x = y + \frac{1}{8}(C - y) \qquad (1)$$

又由于 $x = \frac{1}{3}(C - y) \longrightarrow C = 3x + y$　　（2）

将式（1）代入式（2）：$C = \frac{3}{8}C + 3y + \frac{5}{8}y \longrightarrow \frac{5}{8}C = 3y + \frac{5}{8}y \longrightarrow C = \frac{29}{5}y = 5y + \frac{4}{5}y$。

若设 $C = 29t$，则有 $y = 5t$，$x = 8t$。

③ 设第一份遗赠为x，第二份为$\frac{1}{4}\left(\frac{1}{3}C - x\right) = \frac{1}{12}C - \frac{1}{4}x$。

则在总遗产的$\frac{1}{3}$中减去两份遗赠后剩余的部分为$\frac{1}{3}C - x - \left(\frac{1}{12}C - \frac{1}{4}x\right) = \frac{1}{4}C - \frac{3}{4}x$，得到方程

$$\frac{2}{3}C + \left(\frac{1}{4}C - \frac{3}{4}x\right) = 4x \longrightarrow \frac{11}{12}C = 4x + \frac{3}{4}x \longrightarrow C = \frac{57}{11}x\text{。}$$

知道在这一类问题中，遗赠是从总遗产的三分之一中取出。①

解题过程：取总遗产的三分之一，从中减去（第一份）遗赠，剩余三分之一的总遗产减去（第一份）遗赠。随后取从（总遗产的）三分之一中减去（第一份遗赠后）剩余部分的四分之一。它（即减去的部分）等于（总遗产的）三分之一的四分之一减去（第一份）遗赠的四分之一，则剩余四分之一的总遗产减去四分之三的（第一份）遗赠。将其加三分之二的总遗产，得到总遗产所分十二份中的十一份减去四分之三的（第一份）遗赠等于四倍的（第一份）遗赠。②通过四分之三的（第一份）遗赠将其还原，即将四分之三（的第一份遗赠）加四倍的遗赠，得到总遗产所分十二份中的十一份等于四倍的（第一份）遗赠加四分之三的（第一份）遗赠。为了将总遗产补全，将四倍的（第一份）遗赠加四分之三的（第一份）遗赠之和加其所分十一份中的一份，得到五倍的（第一份）遗赠加一倍的（第一份）遗赠所分十一份中的两份等于总遗产。若设（第一份）遗赠为十一，总遗产为五十七，其三分之一为十九；随后从中取出（第一份）遗赠，即十一，剩余八；则给（第二受赠人）的遗赠为剩余部分的四分之一，即二；则总遗产三分之一减去两份遗赠后剩余六，将其加（总遗产的）三分之二，即三十八，得到在四个儿子（中平分的遗产为）四十四，每个儿子得到十一份。

---

① 此类问题中总遗赠小于总遗产的$\frac{1}{3}$，花拉子密利用如下等量关系建立方程：

总遗产−总遗赠=在继承人间分配的遗产，但是在表述方程左侧时，花拉子密会首先求出在总遗产的$\frac{1}{3}$中减去总遗赠的剩余部分，随后加总遗产的$\frac{2}{3}$，即

$$\frac{2}{3}C+\left(\frac{1}{3}C-\text{总遗赠}\right)=\text{在继承人间分配的遗产}。$$

② 本题中第二份遗赠为$\frac{1}{4}\left(\frac{1}{3}C-x\right)=\frac{1}{12}C-\frac{1}{4}x$，总遗产中的$\frac{1}{3}$减去两份遗赠后剩余的部分为$\frac{1}{3}C-x-\left(\frac{1}{12}C-\frac{1}{4}x\right)=\frac{1}{4}C-\frac{3}{4}x$，建立方程$\frac{2}{3}C+\left(\frac{1}{4}C-\frac{3}{4}x\right)=4x\longrightarrow\frac{11}{12}C=4x+\frac{3}{4}x\longrightarrow\frac{11}{12}C\cdot\left(1+\frac{1}{11}\right)=\left(4x+\frac{3}{4}x\right)\cdot\left(1+\frac{1}{11}\right)\longrightarrow C=5x+\frac{2}{11}x$。

若$x=11t$，则$C=57t$。第一份遗赠等于一个儿子份额的大小，即$11t$；第二份遗赠为$\frac{1}{4}\left(\frac{1}{3}C-x\right)=2t$。在总遗产的$\frac{1}{3}$减去两份遗赠后剩余的部分为$\frac{1}{3}C-11t-2t=19t-11t-2t=6t$。

问题：如果一个男人去世后留下四个儿子，给某人的遗赠相当于儿子的份额减去（总遗产的）三分之一中减去儿子份额后剩余部分的五分之一。此时的遗赠是从（总遗产的）三分之一中取出。取（总遗产的）三分之一并从中取出（儿子的）份额，剩余三分之一减去（儿子的）份额，随后将其加（遗赠中）减去的（部分，其等于总遗产）三分之一的五分之一减去五分之一的（儿子的）份额，结果等于（总遗产的）三分之一加上（总遗产的）三分之一的五分之一，其等于（总遗产的）五分之二减去一倍（儿子的）份额加上五分之一的（儿子的）份额。随后将其加总遗产的三分之二，结果为一倍的总遗产加总遗产三分之一的五分之一并减去一份（儿子的）份额加五分之一的（儿子的）份额等于四倍的（儿子的）份额。通过一倍的（儿子的）份额加五分之一的（儿子的）份额来还原总遗产，即将其加四倍的（儿子的）份额，结果为总遗产加总遗产三分之一的五分之一等于五倍（儿子的）份额加五分之一的（儿子的）份额。将其缩为一倍的总遗产，将所有的减去其八分之一的二分之一，即十六份中的一份，则得到总遗产等于四倍的（儿子的）份额加八分之七的（儿子的）份额。若设总遗产为三十九，其三分之一为十三，儿子的份额为八，则在（总遗产）三分之一中剩余五，其五分之一为一。则将其加一，即加从遗赠中减去的部分，得到剩余的部分即为遗赠，其等于七；（总遗产）三分之一中剩余的部分为六，将其加总遗产的三分之二，即二十六份，结果为三十二，这是将要在四个儿子间分配的部分，每个儿子得到八。[①]

问题：一个男人去世后留下三个儿子和一个女儿，给某人的遗赠等于女儿的份额，这部分遗赠是从总遗产的七分之二中取出的；给另一个人的遗赠等于（总遗产）七分之二中（减去第一份遗赠，即一个女儿份额后）剩余部分的五分之一与六分之一之和，则本题中（两份）遗赠为从总遗产的七分之二中取出。

解题过程：取总遗产的七分之二，并从中取出女儿的份额，剩余总遗产的七

---

① 设每个儿子得到遗产份额的大小为 x，则遗赠为 $x-\frac{1}{5}\left(\frac{1}{3}C-x\right)$，此时在总遗产的 $\frac{1}{3}$ 中剩余的部分为 $\frac{1}{3}C-x+\frac{1}{5}\left(\frac{1}{3}C-x\right)=\frac{1}{3}C-x+\frac{1}{5}\cdot\frac{1}{3}C-\frac{x}{5}=\left(\frac{1}{3}+\frac{1}{5}\cdot\frac{1}{3}\right)C-\left(1+\frac{1}{5}\right)x=\frac{2}{5}C-\left(1+\frac{1}{5}\right)x=\frac{2}{5}C-\frac{6}{5}x$，得到方程 $\frac{2}{3}C+\left(\frac{2}{5}C-\frac{6}{5}x\right)=4x\longrightarrow\frac{16}{15}C=\frac{26}{5}x\longrightarrow\frac{16}{15}C\cdot\left(1-\frac{1}{16}\right)=\frac{26}{5}x\cdot\left(1-\frac{1}{16}\right)\longrightarrow C=\frac{39}{8}x=4x+\frac{7}{8}x$。若设 $C=39t$，则有 $x=8t$，遗赠为 $7t$。

分之二减去女儿的份额；接下来从中取出另一份遗赠，即其五分之一与六分之一之和，剩余总遗产的七分之一加七分之一的十五分之四减去（女儿）份额所分三十份中的十九份。将其加总遗产中剩余的七分之五，结果为总遗产的七分之六加总遗产的七分之一所分十五份中的四份，减去（女儿）份额所分三十份中的十九份等于七倍的份额。通过（女儿份额所分三十份中的）十九份将其还原，即将其加七倍的（女儿）份额，结果为总遗产的七分之六加总遗产的七分之一所分十五份中的四份等于七倍的（女儿）份额加一倍（女儿）份额所分三十份中的十九份。将总遗产补全，即将所有的加各自所分九十四份中的十一份，结果得到总遗产等于八倍的（女儿）份额加一倍（女儿）份额所分一百八十八份中的九十九份。设总遗产为一千六百零三，（女儿）份额为一百八十八。随后取总遗产的七分之二，即四百五十八；从中减去（女儿）份额，即一百八十八，剩余二百七十；取出其五分之一与六分之一之和，即九十九份，则剩余一百七十一份。将其加总遗产的七分之五，即一千一百四十五，结果为一千三百一十六份；它被分为七份，每份为一百八十八份，这就是女儿所得的份额，每个儿子得到其二倍。[①]

问题：如果法定份额（与前面题目）相同，给某人的遗赠是从总遗产的五分之二中取出，其大小等于女儿所得份额大小；给另一个人的遗赠等于（总遗产的）五分之二中减去（女儿）份额后剩余部分的四分之一与五分之一之和。

解题过程：本题中（第一份）遗赠是从（总遗产的）五分之二中取出。取总遗产的五分之二，从中减去（女儿）份额，则剩余总遗产的五分之二减去（女儿）份额；随后取从（总遗产的五分之二）中减去（女儿份额）剩余部分的四分之一与五分之一的和，即（总遗产的）五分之二所分二十份中的九份减去相同比例的（女儿）份额，则剩余五分之一加五分之一的十分之一之和（的总遗产）减去一倍（女

① 设总遗产为 C，女儿份额大小为 x，儿子份额大小为 $2x$，则第一份遗赠为 x，第二份遗赠为 $\left(\frac{2}{7}C-x\right)\left(\frac{1}{5}+\frac{1}{6}\right)=\frac{11}{30}\left(\frac{2}{7}C-x\right)$。得到方程 $\frac{5}{7}C+\left(\frac{2}{7}C-x\right)-\frac{11}{30}\left(\frac{2}{7}C-x\right)=7x\longrightarrow\frac{5}{7}C+\left(\frac{2}{7}C-x\right)\cdot\frac{19}{30}=7x\longrightarrow\frac{5}{7}C+\left(\frac{1}{7}+\frac{1}{7}\cdot\frac{4}{15}\right)C-\frac{19}{30}x=7x\longrightarrow\frac{6}{7}C+\frac{1}{7}\cdot\frac{4}{15}C-\frac{19}{30}x=7x\longrightarrow\frac{94}{105}C=\frac{229}{30}x\longrightarrow\frac{94}{105}C\cdot\left(1+\frac{11}{94}\right)=\frac{229}{30}x\cdot\left(1+\frac{11}{94}\right)\longrightarrow C=\frac{1603}{188}x=8x+\frac{99}{188}x$。

若设 $C=1603t$，$x=188t$，每个女儿得到 $188t$，每个儿子得到 $376t$，第一份遗赠为 $188t$，第二份遗赠为 $99t$。

儿）份额所分二十份中的十一份。将其加总遗产的五分之三，结果为五分之四加五分之一的十分之一之和的总遗产减去一倍（女儿）份额所分二十份中的十一份等于七倍的（女儿）份额。通过一倍（女儿）份额所分二十份中的十一份将其还原，即将其加七，结果为其等于七倍（女儿）份额加一倍（女儿）份额所分二十份中的十一份。随后将总遗产补全，则将所有的加各自所分四十一份中的九份，结果得到总遗产等于九倍（女儿）份额加一倍（女儿）份额所分八十二份中的十七份。若设（女儿）份额大小为八十二份，则（总遗产为）七百五十五份，其五分之二为三百零二。随后从中取出（第一份）遗赠，即八十二，则剩余二百二十；接下来从中取出其四分之一与五分之一之和，即九十九份，则剩余一百二十一。将其加总遗产的五分之三，即四百五十三，结果为五百七十四，它将要被等分为七份，其中每份为八十二，即女儿份额的大小，每个儿子所得为其二倍。[①]

问题：如果法定份额（与前面题目）相同，给某人的遗赠相当于儿子份额大小减去（从总遗产的）五分之二中减去（儿子）份额后剩余部分的四分之一与五分之一和的差，则此题中的遗赠是从（总遗产的）五分之二中取出。

解题过程：从其（即总遗产的五分之二）中取出两份（女儿）份额，即减去儿子的两份，则剩余总遗产的五分之二减去二份（女儿）份额，再加（前面）从其（即儿子份额）中减去的部分，即（总遗产）五分之二的四分之一加其五分之一减去一倍（女儿）份额的十分之九，结果为五分之二的总遗产加总遗产五分之

① 设遗产中女儿份额大小为 x，儿子份额大小为 $2x$，第一份遗赠为 x，第二份遗赠为 $\left(\frac{1}{4}+\frac{1}{5}\right)\cdot\left(\frac{2}{5}C-x\right)=\frac{9}{20}\left(\frac{2}{5}C-x\right)$，总遗产的 $\frac{2}{5}$ 中减去两份遗赠后的剩余部分为 $\frac{2}{5}C-x-\frac{9}{20}\left(\frac{2}{5}C-x\right)=\left(1-\frac{9}{20}\right)\left(\frac{2}{5}C-x\right)=\frac{11}{20}\cdot\frac{2}{5}C-\frac{11}{20}x=\left(\frac{1}{5}+\frac{1}{5}\cdot\frac{1}{10}\right)\cdot C-\frac{11}{20}x$，得到方程

$$\frac{3}{5}C+\left(\frac{1}{5}+\frac{1}{5}\cdot\frac{1}{10}\right)\cdot C-\frac{11}{20}x=7x\longrightarrow\frac{4}{5}C+\frac{1}{5}\cdot\frac{1}{10}C-\frac{11}{20}x=7x\longrightarrow\frac{4}{5}C+\frac{1}{5}\cdot\frac{1}{10}C=7x+\frac{11}{20}x$$

$$\longrightarrow\frac{41}{50}C=\frac{151}{20}x\longrightarrow\frac{41}{50}C\cdot\left(1+\frac{9}{41}\right)=\frac{151}{20}x\cdot\left(1+\frac{9}{41}\right)\longrightarrow C=\frac{755}{82}x=9x+\frac{17}{82}x$$

若设 $x=82t$，$C=755t$，则有 $\frac{2}{5}C-x=302t-82t=220t$，且 $\left(\frac{2}{5}C-x\right)-\frac{9}{20}\left(\frac{2}{5}C-x\right)=220t-99t=121t$；由于 $\frac{3}{5}C=453t$，故 $574t=7x$，其中 $x=82t$ 为女儿份额大小，每个儿子得到 $164t$。

的十分之九减去二倍（女儿）份额加一倍（女儿）份额的十分之九。将其加总遗产的五分之三，得到总遗产加总遗产五分之一的十分之九减去二倍（女儿）份额加一倍（女儿）份额的十分之九等于七倍（女儿）份额。通过二倍（女儿）份额加十分之九的（女儿）份额将其还原，即将其加份额数，结果得到总遗产加总遗产五分之一的十分之九等于九倍（女儿）份额加十分之九的（女儿）份额。将其缩为一倍完整的总遗产，即将所有的减去各自的五十九份中的九份，则剩余总遗产等于八倍（女儿）份额加一倍（女儿）份额所分五十九份中的二十三份。（若）每份（女儿）份额为五十九份，则法律规定的总遗产为四百九十五份；其五分之二为一百九十八份。从中取出两份（女儿）份额，即一百一十八份，剩余八十份；从中取出减去的部分，即八十份的四分之一与其五分之一之和，即三十六份，则剩余的即为遗赠，其等于八十二份；将其从法律规定的总遗产的份数，即四百九十五份中减去，则剩余四百一十三份，它要被等分为七份，每份为五十九，其为女儿的份额大小，每个儿子为其所得二倍。①

问题：如果一个男人去世后留下两个儿子和两个女儿，给某人的遗赠等于（女儿）份额减去从（总遗产的）三分之一中减去（女儿）份额后剩余部分的五分之一之差；给另一个人的遗赠等于从（女儿）份额中减去从（总遗产的）三分之一中减去前面所有部分［即（女儿）份额加第一份遗赠］后剩余部分的三分之一之差；给第三个人的遗赠等于总遗产六分之一的二分之

---

① 设女儿份额大小为 x，儿子份额大小为 $2x$，则遗赠为 $2x-\left(\frac{1}{4}+\frac{1}{5}\right)\left(\frac{2}{5}C-2x\right)$，则在总遗产的 $\frac{2}{5}$ 中减去遗赠后剩余的部分等于 $\frac{2}{5}C-\left[2x-\left(\frac{1}{4}+\frac{1}{5}\right)\left(\frac{2}{5}C-2x\right)\right]=\frac{2}{5}C-2x+\frac{1}{4}\cdot\frac{2}{5}C+\frac{1}{5}\cdot\frac{2}{5}C-\frac{9}{10}x=\left(\frac{2}{5}C+\frac{9}{10}\cdot\frac{1}{5}C\right)-\left(2x+\frac{9}{10}x\right)$，由此得到方程

$$\frac{3}{5}C+\left[\left(\frac{2}{5}C+\frac{9}{10}\cdot\frac{1}{5}C\right)-\left(2x+\frac{9}{10}x\right)\right]=7x\to C+\frac{9}{10}\cdot\frac{1}{5}C-\left(2x+\frac{9}{10}x\right)=7x\longrightarrow C+\frac{9}{10}\cdot\frac{1}{5}C=9x+\frac{9}{10}x\longrightarrow\frac{59}{50}C=\frac{99}{10}x\longrightarrow\frac{59}{50}C\cdot\left(1-\frac{9}{59}\right)=\frac{99}{10}x\cdot\left(1-\frac{9}{59}\right)\longrightarrow C=\frac{495}{59}x=8x+\frac{23}{59}x$$

若设 $x=59t$，则 $C=495t$，$\frac{2}{5}C=198t,\frac{2}{5}C-2x=80t,\frac{9}{20}\left(\frac{2}{5}C-2x\right)=36t$；则遗赠为 $118t-36t=82t$；将总遗产减去遗赠，即 $495t-82t=413t$ 被分为 7 份，即 $413t=7x, x=59t$，即每个女儿得到 $59t$，每个儿子得到 $118t$。

一。全部的遗赠是从（总遗产的）三分之一中取出。①

解题过程：取总遗产的三分之一，从中减去（女儿）份额，剩余总遗产的三分之一减去（女儿）份额；随后加从其（第一份遗赠）中减去的部分，即（总遗产）三分之一的五分之一减去（女儿）份额差的五分之一，结果为（总遗产的）三分之一加三分之一的五分之一减去一倍（女儿）份额加五分之一倍的（女儿）份额。②接下来从中减去另一个的（女儿）份额，则剩余（总遗产的）三分之一加三分之一的五分之一减去两份（女儿）份额加五分之一的（女儿）份额③。接下来将其加被减去的部分，结果为（总遗产的）三分之一加三分之一的五分之三减去二倍（女儿）份额加一倍（女儿）份额所分十五份中的十四份④。随后从中减去总遗产的六分之一的二分之一，则剩余总遗

---

① 设每个女儿份额大小为 x，则每个儿子份额大小为$2x$，第一份遗赠为$\left[x-\frac{1}{5}\left(\frac{1}{3}C-x\right)\right]$，第二份遗赠为 $x-\frac{1}{3}\left\{\frac{1}{3}C-\left[x-\frac{1}{5}\left(\frac{1}{3}C-x\right)\right]-x\right\}$，第三份遗赠为$\frac{C}{12}$。从总遗产的$\frac{1}{3}$中减去三份遗赠后剩余$\frac{27}{60}C-2\frac{14}{15}x$，得到方程

$$\frac{2}{3}C+\left(\frac{27}{60}C-2\frac{14}{15}x\right)=6x\longrightarrow C+\frac{7}{60}C-2\frac{14}{15}x=6x\longrightarrow C+\frac{7}{60}C=8x+\frac{14}{15}x$$

$$\longrightarrow\left(C+\frac{7}{60}C\right)\cdot\left(1-\frac{7}{67}\right)=\left(8x+\frac{14}{15}x\right)\cdot\left(1-\frac{7}{67}\right)\longrightarrow C=\frac{536}{67}x=8x$$

若设 $x=201t=67\times3t$，则 $C=1608t$。注意此处花拉子密在设 x 取值时利用 201 代替 67，而实际上 C 的最小整数解为$1608\times\frac{1}{3}=536$。

② 用总遗产的$\frac{1}{3}$减去第一份遗赠：

$$\frac{1}{3}C-\left[x-\frac{1}{5}\left(\frac{1}{3}C-x\right)\right]=\left(\frac{1}{3}C-x\right)+\frac{1}{5}\left(\frac{1}{3}C-x\right)=\left(\frac{1}{3}+\frac{1}{5}\cdot\frac{1}{3}\right)C-\left(1+\frac{1}{5}\right)x\text{。}$$

③ 用总遗产的$\frac{1}{3}$减去第一份遗赠再减去一个女儿的份额：$\left(\frac{1}{3}+\frac{1}{5}\cdot\frac{1}{3}\right)C-\left(2+\frac{1}{5}\right)x$。

④ 此处的运算指的是从总遗产的$\frac{1}{3}$中减去两份遗赠后剩余的部分：

$$\frac{1}{3}C-\left[x-\frac{1}{5}\left(\frac{1}{3}C-x\right)\right]-\left\{x-\frac{1}{3}\left\{\frac{1}{3}C-\left[x-\frac{1}{5}\left(\frac{1}{3}C-x\right)\right]-x\right\}\right\}$$

$$=\left\{\frac{1}{3}C-\left[x-\frac{1}{5}\left(\frac{1}{3}C-x\right)\right]-x\right\}\cdot\left(1+\frac{1}{3}\right)=\left[\left(\frac{1}{3}+\frac{1}{5}\cdot\frac{1}{3}\right)C-\left(2+\frac{1}{5}\right)x\right]\cdot\left(1+\frac{1}{3}\right)$$

$$=\left[\left(\frac{6}{15}C-\frac{11}{5}x\right)\cdot\frac{4}{3}\right]=\frac{8}{15}C-\frac{44}{15}x=\left(\frac{1}{3}+\frac{3}{5}\cdot\frac{1}{3}\right)C-2\frac{14}{15}x\text{。}$$

产所分六十份中的二十七份减去曾经减去的份额数。将其加总遗产的三分之二，用减去的份额数使其还原，则将其加份额数，结果得到一倍总遗产加一倍总遗产所分六十份中的七份等于八倍（女儿）份额加一倍（女儿）份额所分十五份中的十四份。将其缩为一倍的总遗产，即将所有的减去各自所分六十七份中的七份，则结果为份额等于二百零一，总遗产为一千六百零八。

问题：根据法律规定，如果继承人是两个儿子和两个女儿，给某人的遗赠等于一个女儿的份额加从（总遗产）三分之一中减去此份额后剩余部分的五分之一；给另一个人的遗赠等于另一个女儿的份额加从（总遗产的）四分之一中减去此份额后剩余部分的三分之一。

解题过程：（首先计算）在（总遗产的）四分之一和三分之一中的两份遗赠。取总遗产的三分之一，从中取出一倍的（女儿）份额，则剩余三分之一的总遗产减去一倍的（女儿）份额。随后从中取出剩余部分的五分之一，即（总遗产）三分之一的五分之一减去（女儿）份额的五分之一，则剩余（总遗产）三分之一的五分之四减去五分之四的（女儿）份额。接下来同样取总遗产的四分之一，从中取出一倍的（女儿）份额，则剩余四分之一的总遗产减去一倍的（女儿）份额，随后从中取出剩余部分的三分之一，则剩余（总遗产）四分之一的三分之二减去三分之二的（女儿）份额。将其加三分之一中剩余的部分，结果为总遗产所分六十份中的二十六份减去一倍（女儿）份额加一倍（女儿）份额所分六十份中的二十八份。接下来将其加在总遗产中取出其三分之一和四分之一后剩余的部分，即四分之一加六分之一，结果为总遗产所分二十份中的十七份减去一倍（女儿）份额加一倍（女儿）份额所分六十份中的二十八份，等于六倍的（女儿）份额。通过减去的部分将其还原，即将其加（女儿）份额，则得到总遗产所分二十（份）中的十七（份）等于七倍（女儿）份额加一倍（女儿）份额所分十五份中的七份。将总遗产补齐，即将所有的加各自所分十七份中的三份，得到总遗产等于八倍（女儿）份额加一倍（女儿）份额所分一百五十三份中的一百二十份。设一倍（女儿）份额为一百五十三，则总遗产为一千三百四十四，在（总遗产的）三分之一中取出的遗赠减去一倍（女儿）份额为五十九，在四分之一中取出的遗赠减去一倍（女儿）份额为六十一。①

问题：如果一个男人去世后留下六个儿子，给其中某人的遗赠等于一个儿子的份额加（总遗产的）四分之一（减去一个儿子份额后）剩余部分的五分之一，给另一个人的遗赠等于一个儿子的份额减去（总遗产的）三分之一减去第一份遗赠加一个（儿子）份额后剩余部分的四分之一。②

---

① 设女儿份额大小为x，在总遗产的$\frac{1}{3}$中取出第一份遗赠后剩余的部分为$\frac{1}{3}C-x-\frac{1}{5}\left(\frac{1}{3}C-x\right)=\frac{4}{15}C-\frac{4}{5}x$；在总遗产的$\frac{1}{4}$中取出第二份遗赠后剩余的部分为$\frac{1}{4}C-x-\frac{1}{3}\left(\frac{1}{4}C-x\right)=\frac{1}{6}C-\frac{2}{3}x=\frac{2}{3}\cdot\frac{1}{4}C-\frac{2}{3}x$。

由于$C-\frac{1}{3}C-\frac{1}{4}C=\left(\frac{1}{4}+\frac{1}{6}\right)\cdot C$，则有方程

$$\frac{5}{12}C+\left(\frac{4}{15}C-\frac{4}{5}x\right)+\left(\frac{1}{6}C-\frac{2}{3}x\right)=6x\to\left(\frac{1}{4}+\frac{1}{6}\right)\cdot C+\left[\frac{26}{60}C-\left(1+\frac{28}{60}\right)x\right]=6x\to\frac{17}{20}C=7x+\frac{7}{15}x$$

$$\to\frac{17}{20}C\cdot\left(1+\frac{3}{17}\right)=\left(7x+\frac{7}{15}x\right)\cdot\left(1+\frac{3}{17}\right)\to C=\frac{448}{51}x=8x+\frac{120}{153}x$$

设$x=153t=51\cdot 3t$，则$C=1344t$。

第一份遗赠为$153t+\frac{1}{5}(448t-153t)=153t+59t$；

第二份遗赠为$153t+\frac{1}{3}(336t-153t)=153t+61t$。

这里需要指出的是，花拉子密选取$x=153t$是为了保证总遗产$C=1344t$的$\frac{1}{3}$和$\frac{1}{4}$同时为整数，分别为$448t$和$336t$。

② 设总遗产为C，每个儿子份额大小为x，则第一份遗赠为$x+\frac{1}{5}\left(\frac{1}{4}C-x\right)=\frac{1}{20}C+\frac{4}{5}x$，第二份遗赠为

$$x-\frac{1}{4}\left\{\frac{1}{3}C-x-\left[x+\frac{1}{5}\left(\frac{1}{4}C-x\right)\right]\right\}=x-\frac{1}{4}\left(\frac{1}{3}C-x-\frac{1}{20}C-\frac{4}{5}x\right)。$$

在总遗产的$\frac{1}{3}$中减去两份遗赠后剩余

$$\frac{1}{3}C-\left(\frac{1}{20}C+\frac{4}{5}x\right)-\left[x-\frac{1}{4}\left(\frac{1}{3}C-x-\frac{1}{20}C-\frac{4}{5}x\right)\right]=\left(\frac{1}{3}C-\frac{1}{20}C-\frac{4}{5}x-x\right)+\frac{1}{4}\left(\frac{1}{3}C-\frac{1}{20}C-\frac{4}{5}x-x\right)$$

$$=\left(\frac{1}{3}C-\frac{1}{20}C-\frac{4}{5}x-x\right)\cdot\left(1+\frac{1}{4}\right)=\frac{17}{48}C-\frac{9}{4}x$$

由此得到方程

$$\frac{2}{3}C+\left(\frac{17}{48}C-\frac{9}{4}x\right)=6x\longrightarrow C+\frac{1}{48}C=\frac{33}{4}x\longrightarrow\left(C+\frac{1}{48}C\right)\cdot\left(1-\frac{1}{49}\right)=\frac{33}{4}x\cdot\left(1-\frac{1}{49}\right)\longrightarrow$$

$$C=\frac{396}{49}x=8x+\frac{4}{49}x$$

若设$C=396t$，则$x=49t$。第一份遗赠为$49t+10t=59t$，第二份遗赠为$49t-6t=43t$。

解题过程：在总遗产的四分之一中取出一倍份额，则剩余（总遗产的）四分之一减去（一倍）份额。随后取出（总遗产）四分之一中剩余部分的五分之一，即总遗产的十分之一的二分之一减去五分之一的份额[①]。接下来在（总遗产的）三分之一中取出总遗产的十分之一的二分之一加一倍份额的五分之四，再加一倍份额，剩余（总遗产的）三分之一减去总遗产十分之一的二分之一再减去一倍份额加一倍份额的五分之四。随后将其加剩余部分的四分之一，即前面减去的部分。设（总遗产的）三分之一为八十，若从中取出总遗产十分之一的二分之一（加一倍份额再加一倍份额的五分之四），剩余六十八减去一倍份额加一倍份额的五分之四。随后将其加其四分之一，即十七份减去前面减去份额部分的四分之一，结果为八十五减去二倍份额加一倍份额的四分之一。将所得加总遗产的三分之二，即一百六十，结果得到一倍总遗产加总遗产八分之一的六分之一减去二倍份额加四分之一（的份额）等于六倍份额。通过减去的部分将其还原，即将其加份额数，结果为一倍总遗产加总遗产八分之一的六分之一等于八倍份额加四分之一的份额。将其缩为一倍的总遗产，即将所有的份额减去其所分四十九份中的一份，结果得到一倍总遗产等于八倍份额加一倍份额所分四十九份中的四份。设份额为四十九，则总遗产为三百九十六，一倍份额为四十九，（总遗产的）四分之一中所取出的（第一份）遗赠（中加上的部分）为十，第二份遗赠中减去的部分为六，这就是本题的解。[②]

---

① 此处指 $\frac{1}{5}\left(\frac{1}{4}C-x\right)=\frac{1}{2}\cdot\frac{C}{10}-\frac{1}{5}x$。

② 在本题后半部分的解题过程中，花拉子密引入 $\frac{1}{3}C=80$，随后再将 C 赋予任意值。

$\frac{1}{3}C=80\longrightarrow\frac{1}{3}C-\frac{1}{20}C=68$；$\frac{5}{4}\left(\frac{1}{3}C-\frac{1}{20}C-\frac{9}{5}x\right)=85-\frac{9}{4}x$ 且 $\frac{2}{3}C=160$。

此时方程为 $(160+85)-\frac{9}{4}x=6x$。

接下来花拉子密用 $\left(C+\frac{1}{48}C\right)$ 来代替 $(160+85)$，又回到了原方程。

含有一[①]的遗赠问题章

问题：一个男人去世后留下四个儿子，给某人的遗赠等于一个儿子的份额加（总遗产的）三分之一（减去一个儿子份额后）剩余部分的四分之一再加一。[②]

解题过程：取总遗产的三分之一，从中取出一倍份额，则剩余（总遗产的）三分之一减去一倍份额，随后将其减去剩余部分的四分之一，即（总遗产）三分之一的四分之一减去四分之一的份额，同样还要取出一，则剩余总遗产三分之一的四分之三，即总遗产的四分之一减去四分之三的份额再减去一。接下来将其加总遗产的三分之二，结果得到总遗产所分十二份中的十一份减去四分之三的份额再减去一等于四倍份额。通过四分之三的份额加上一之和将其还原，结果为总遗产所分十二份中的十一份等于四倍份额加四分之三的份额再加一。将总遗产补全，即将份额数和一之和加其所分十一份中的一份，得到一倍总遗产等于五倍份额加一倍份额所分十一份中的两份加一再加一所分十一份中的一份。

若你认为一为一个整数，则不需要将总遗产补全，而是从十一中减去一，将剩余的十除以份额的倍数，即四加四分之三的份额，结果为（一倍份额）等于二加一所分十九份中的两份，即设总遗产为十二，则份额为其中的两份加一

---

① 标题中“一”不只是狭义上的一个货币单位（迪拉姆），有时它表示单位 1，有时表示一个参量，可以对其进行赋值。本章脚注中“一”用字母 d 表示。

② 设总遗产为 C，每个儿子份额大小为 x，则遗赠为 $x+\frac{1}{4}\left(\frac{1}{3}C-x\right)+d=\frac{1}{12}C+\frac{3}{4}x+d$；在总遗产的 $\frac{1}{3}$ 中减去遗赠后剩余 $\frac{1}{3}C-x-\frac{1}{4}\left(\frac{1}{3}C-x\right)-d=\frac{3}{4}\left(\frac{1}{3}C-x\right)-d=\frac{1}{4}C-\frac{3}{4}x-d$。将其加总遗产的 $\frac{2}{3}$，得到方程 $\frac{2}{3}C+\frac{1}{4}C-\frac{3}{4}x-d=4x\longrightarrow\frac{11}{12}C=4x+\frac{3}{4}x+d\longrightarrow\frac{11}{12}C\cdot\left(1+\frac{1}{11}\right)=\left(4x+\frac{3}{4}x+d\right)\cdot\left(1+\frac{1}{11}\right)\longrightarrow$ $C=5x+\frac{2}{11}x+d+\frac{1}{11}d$。

份所分十九份中的两份。[1]若认为一倍的份额为一个整数，则将总遗产补全并将其还原，结果一为总遗产所分十一份（中的一份）。

问题：如果一个男人去世后留下五个儿子，给某人的遗赠等于一个（儿子的）份额加（总遗产的）三分之一中（减去一个儿子份额后）剩余部分的三分之一再加一；（另一份遗赠为）在（总遗产的）三分之一中（减去第一份遗赠后）剩余部分的四分之一再加一。[2]

解题过程：取（总遗产的）三分之一，从中取出一倍份额，则剩余（总遗产的）三分之一减去一倍份额。随后将其减去剩余部分的三分之一，即（总遗产的）三分之一减去一倍份额之差的三分之一；接下来再从剩余部分中取出一，则剩余（总遗产）三分之一的三分之二减去一倍份额的三分之二再减去一[3]。接下来从剩余的部分中取出其四分之一，其为（总遗产的）三分之一所分六份中的一份减去一倍份额的六分之一再减去四分之一[4]，随后再减去一，则剩余（总遗产的）三分之一的二分之一减去二分之一的份额减去一又四分之三。[5]将其加上总遗产的三分之

① 在本章中，花拉子密为了利用一个参量来表示结果，会引入一个额外的限定条件。此处花拉子密添加的限定条件是总遗产 $C=12d$ 时，$\frac{11}{12}C=4x+\frac{3}{4}x+d \longrightarrow 11d=4x+\frac{3}{4}x+d \longrightarrow 10d=4x+\frac{3}{4}x \longrightarrow x=\frac{10}{\left(4+\frac{3}{4}\right)}d=\left(2+\frac{2}{19}\right)d$。

② 设总遗产为 C，每个儿子份额大小为 x，则第一份遗赠为 $x+\frac{1}{3}\left(\frac{1}{3}C-x\right)+d$；在总遗产的 $\frac{1}{3}$ 中减去第一份遗赠后剩余 $\frac{2}{9}C-\frac{2}{3}x-d$；第二份遗赠为 $\frac{1}{4}\left(\frac{2}{9}C-\frac{2}{3}x-d\right)+d=\frac{1}{18}C-\frac{1}{6}x+\frac{3}{4}d$，在总遗产的 $\frac{1}{3}$ 中减去两份遗赠后剩余 $\frac{1}{6}C-\frac{1}{2}x-d-\frac{3}{4}d$，由此得到方程

$$\frac{5}{6}C-\frac{1}{2}x-\frac{7}{4}d=5x \longrightarrow \frac{5}{6}C=\left(5+\frac{1}{2}\right)x+\left(1+\frac{3}{4}\right)d \longrightarrow \frac{5}{6}C\cdot\left(1+\frac{1}{5}\right)=\left[\left(5+\frac{1}{2}\right)x+\left(1+\frac{3}{4}\right)d\right]\cdot\left(1+\frac{1}{5}\right)$$

$$\longrightarrow C=\left(6+\frac{3}{5}\right)x+\left(2+\frac{1}{10}\right)d。$$

③ 本句话所要说明的是，在总遗产的 $\frac{1}{3}$ 中减去第一份遗赠：

$$\frac{1}{3}C-\left[x+\frac{1}{3}\left(\frac{1}{3}C-x\right)+d\right]=\left(\frac{1}{3}C-x\right)-\frac{1}{3}\left(\frac{1}{3}C-x\right)-d=\frac{2}{3}\cdot\frac{1}{3}C-\frac{2}{3}x-d。$$

④ 本句话所要说明的是 $\frac{1}{4}\left(\frac{2}{3}\cdot\frac{1}{3}C-\frac{2}{3}x-d\right)=\frac{1}{6}\cdot\frac{1}{3}C-\frac{x}{6}-\frac{d}{4}$。

⑤ 本句话所要说明的是 $\left(\frac{2}{3}\cdot\frac{1}{3}C-\frac{2}{3}x-d\right)-\frac{1}{4}\left(\frac{2}{3}\cdot\frac{1}{3}C-\frac{2}{3}x-d\right)-d=\frac{1}{6}C-\frac{1}{2}x-d-\frac{3}{4}d$。

二，结果为六分之五的总遗产减去二分之一的份额再减去一又四分之三等于五倍的份额。通过二分之一的份额加一又四分之三将其还原，即将其加份额，结果得到六分之五的总遗产等于五倍的份额加二分之一的份额加一又四分之三。将总遗产补全，即将份额数加一又四分之三之和加其五分之一，结果得到总遗产等于六倍的份额加五分之三的份额加二又十分之一。设份额为十[①]，则总遗产为八十七份。

若取（总遗产的）三分之一，从中取出一倍份额，结果为（总遗产的）三分之一减去一倍份额。设（总遗产的）三分之一为七又二分之一[②]，随后（将其）减去所有的三分之一，即（总遗产的）三分之一的三分之一（减去三分之一的份额），则剩余（总遗产的）三分之一的三分之二减去三分之二的份额，等于五减去三分之二的份额。接下来将其减去一表示的数字一，则剩余四减去三分之二的份额，随后从中取出所有的四分之一，即一份[③]减去六分之一的份额，则剩余三份[④]减去二分之一的份额。从中再减去表示一的一份[⑤]，则剩余二份[⑥]减去二分之一的份额。将其加总遗产的三分之二，即十五，结果为十七减去二分之一的份额等于五倍的份额，通过二分之一的份额将其还原，即将其加五（倍的份额），结果为十七份[⑦]等于五倍的份额加二分之一（的份额）。将十七除以五倍的份额加二分之一的份额，所得结果即为份额大小，即三加一份[⑧]所分十一份中的一份，其中（总遗产的）三分之一为七又二分之一。

问题：如果一个男人去世后留下四个儿子，给某人的遗赠等于一个儿子的份额减去（总遗产的）三分之一中减去一个儿子份额后剩余部分的四分之一之差再加

---

① 此处的一是一个参量，可以对其进行赋值。若 $x=10t$，$d=10t$，则 $C=87t$。

② 此处相当于花拉子密给出额外附加条件 $\frac{1}{3}C=\left(7+\frac{1}{2}\right)d$。当 $d=1$ 时，$C=7\frac{1}{2}$。但是花拉子密并未给出这样限定的原因。

设 d 是单位 1 或一个参量，且 $\frac{1}{3}C=\left(7+\frac{1}{2}\right)d$，则有 $\frac{2}{9}C=5d$，在总遗产的 $\frac{1}{3}$ 中减去第一份遗赠后剩余 $4d-\frac{2}{3}x$；第二份遗赠为 $\frac{1}{4}\left(4d-\frac{2}{3}x\right)+d=2d-\frac{1}{6}x$。此时总遗产的 $\frac{1}{3}$ 中减去两份遗赠后剩余 $2d-\frac{1}{2}x$。由于 $\frac{2}{3}C=15d$，得到方程 $17d-\frac{1}{2}x=5x\longrightarrow 17d=\frac{11}{2}x$ 且 $x=\frac{34}{11}d=3d+\frac{1}{11}d$。

③ 此处指 1。

④ 此处指 3。

⑤ 此处指 1。

⑥ 此处指 2。

⑦ 此处指 17。

⑧ 此处指 1。

一；给另一个（人的遗赠等于总遗产的）三分之一中（减去第一份遗赠后）剩余部分的三分之一再加一。这样两份遗赠均是从（总遗产的）三分之一中取出。[①]

解题过程：取总遗产的三分之一，从中取出一倍份额，则剩余（总遗产的）三分之一减去一倍份额；随后将其加自身的四分之一，结果为（总遗产的）三分之一加三分之一的四分之一减去一倍的份额加四分之一的份额；再从中取出一，则剩余（总遗产的）三分之一加三分之一的四分之一减去一减去一倍份额加四分之一的份额。[②]接下来从剩余部分中减去自身的三分之一，即减去第二份遗赠（中的一部分），则在总遗产的三分之一中剩余总遗产的三分之一所分六份中的五份减去三分之二再减去六分之五的份额。随后再减去另一个一，则在总遗产的三分之一中剩余总遗产所分十八份中的五份减去一加三分之二再减去六分之五的份额。[③]将其加总遗产的三分之二，结果得到总遗产所分十八份中的十七份减去一又三分之二减去六分之五的份额等于四倍份额。通过减去的部分将其还原，即将其加份额数，结果为总遗产所分十八份中的十七份

---

① 设总遗产为 C，每个儿子的份额大小为 x。第一份遗赠大小为 $x-\frac{1}{4}\left(\frac{1}{3}C-x\right)+d$ ；在总遗产的 $\frac{1}{3}$ 中减去第一份遗赠后剩余 $\left(\frac{1}{3}C-x\right)+\frac{1}{4}\left(\frac{1}{3}C-x\right)-d=\frac{5}{12}C-\frac{5}{4}x-d$ ；第二份遗赠为 $\frac{1}{3}\left\{\frac{1}{3}C-\left[x-\frac{1}{4}\left(\frac{1}{3}C-x\right)+d\right]\right\}+d=\frac{1}{3}\left(\frac{5}{12}C-\frac{5}{4}x-d\right)+d=\frac{5}{36}C-\frac{5}{12}x+\frac{2}{3}d$ ；在总遗产的 $\frac{1}{3}$ 中减去两份遗赠后剩余

$$\left(\frac{5}{12}C-\frac{5}{4}x-d\right)-\frac{1}{3}\left(\frac{5}{12}C-\frac{5}{4}x-d\right)-d=\frac{2}{3}\left(\frac{5}{12}C-\frac{5}{4}x-d\right)-d=\frac{5}{18}C-\frac{5}{6}x-\frac{5}{3}d$$

由此得到方程

$$\frac{17}{18}C-\frac{5}{6}x-\frac{5}{3}d=4x\longrightarrow\frac{17}{18}C=\left(4+\frac{5}{6}\right)x+\frac{5}{3}d\longrightarrow\frac{17}{18}C\cdot\left(1+\frac{1}{17}\right)=\left[\left(4+\frac{5}{6}\right)x+\frac{5}{3}d\right]\cdot\left(1+\frac{1}{17}\right)$$

$$\longrightarrow C=\left(5+\frac{2}{17}\right)x+\left(1+\frac{13}{17}\right)d$$

若 $x=17t$，$d=17t$，则有 $C=117t$ 。此时花拉子密为了同时消去分母，而将 x 和 d 赋值为 17 的倍数。

② 本句讲述的是从总遗产的 $\frac{1}{3}$ 中减去第一份遗赠后剩余的部分：

$$\frac{1}{3}C-\left[x-\frac{1}{4}\left(\frac{1}{3}C-x\right)+d\right]=\left(\frac{1}{3}C-x\right)+\frac{1}{4}\left(\frac{1}{3}C-x\right)-d=\left(\frac{1}{3}+\frac{1}{4}\cdot\frac{1}{3}\right)C-\left(1+\frac{1}{4}\right)x-d\text{ 。}$$

③ 本句讲述的是从总遗产的 $\frac{1}{3}$ 中减去两份遗赠后剩余的部分：

$$\left[\left(\frac{1}{3}+\frac{1}{4}\cdot\frac{1}{3}\right)C-\left(1+\frac{1}{4}\right)x-d\right]-\frac{1}{3}\left[\left(\frac{1}{3}+\frac{1}{4}\cdot\frac{1}{3}\right)C-\left(1+\frac{1}{4}\right)x-d\right]-d=\frac{5}{18}C-\frac{5}{6}x-\frac{5}{3}d\text{ 。}$$

等于四倍的份额加六分之五的份额加一又三分之二。

将总遗产补全，即将四倍份额加六分之五的份额加一又三分之二加其中每项[①]所分十七份中的一份，得到总遗产等于五倍份额加一倍份额所分十七份中的二份加一再加一所分十七份中的十三份。则设一倍的份额为十七份，一为十七，得到总遗产为一百一十七。

如果想要一为整数一，则按照前面介绍的方法去做。

问题：如果一个男人去世后留下三个儿子和两个女儿，留给某人的遗赠等于女儿的份额加一；留给另一人的遗赠等于（总遗产的）四分之一减去其（第一份遗赠）后剩余部分的五分之一再加一；留给第三个人的遗赠等于（总遗产的）三分之一中减去（前面两份遗赠之和）后剩余部分的四分之一再加一；留给第四人的遗赠等于全部遗产的八分之一。继承人同意这样分配。

解题过程：设一为单位一。首先取总遗产的四分之一并且给它赋值，不妨设其为六，则总遗产为二十四。首先从总遗产的四分之一中取出一倍份额，则剩余六减去一倍份额；接下来将其减去一，则剩余五减去一倍份额。从中取出剩余部分的五分之一，则剩余四减去五分之四的份额；随后再减去第二份遗赠，剩余三减去五分之四的份额，则可以知道在（总遗产的）四分之一中取出（前两份）遗赠（之和）为三加五分之四的份额。（总遗产的）三分之一为八，将其减去三加五分之四的份额，则剩余五减去五分之四的份额。同样减去其四分之一加一，则剩余二加四分之三减去五分之三的份额。[②]接下来从中减去总遗产的八分之一，即三，则在总遗产的三分之一中剩余四分之一加五分之三的份额。[③]将其从（总遗产的）三分之二，即十六，中取出，即从（总遗产的三分之二）中减去四分之一加五分之三的份额，总遗产中剩余十五又四分之三减去五分之三的份额（等于八倍的份额）。[④] 通过五

① 此处“每项”的阿拉伯原文为“جنس”，本是“种类”的意思，这是《代数学》一书中首次使用该词。

② 本句讲述的是从总遗产的$\frac{1}{3}$中减去前三份遗赠后剩余$\frac{11}{4}-\frac{3}{5}x$。

③ 此处花拉子密将“-”省略，此处讲述的是从总遗产的$\frac{1}{3}$中取出四份遗赠后剩余$-\frac{1}{4}-\frac{3}{5}x=-\left(\frac{1}{4}+\frac{3}{5}x\right)$。

④ 此处指从总遗产中减去四份遗赠后剩余$16-\left(\frac{1}{4}+\frac{3}{5}x\right)=\left(15+\frac{3}{4}\right)-\frac{3}{5}x$。

分之二的份额将其还原，将其加份额数，即八，结果为十五又四分之三等于八又五分之三倍份额。将其（十五又四分之三）除以它（八又五分之三），所得商即为份额的值。其中总遗产为二十四，每个女儿得到一加一所分一百七十二份中的一百四十三份。[①]

如果想取（总遗产的）份数为整数，则取总遗产的四分之一，从中取出一倍份额，则剩余总遗产的四分之一减去（一倍）份额，随后从中减去一。接下来从（总遗产的）四分之一的剩余部分中减去其五分之一，即（减去）总遗产四分之一的五分之一减去五分之一的份额再减去五分之一，再减去一，则剩余总遗产四分之一的五分之四减去五分之四的份额再减去一加五分之四，其中（总遗产的）四分之一中的遗赠为总遗产所分二百四十份中的十二份加五分之四的份额加一又五分之四。[②] 取总遗产的三分之一，为八十，从中取出十二加五分之四的份额加一又五分之四。随后从中减去剩余部分的四分之一再加一，则在总遗产的三分之一中剩余五十一减去五分之三的份额减去二加一所分二十份中的七份。接下来将其减去总遗产的八分之一，即三十，则剩余二十一减去五分之三的份额减去二加一所分二十份中的七份，将其加总遗产的三分之二等于八倍份额。通过减去的部分将其还原，即将其加八倍的份额，结果得到总遗产所分二百四十份中的一百八十一份，等于八倍

---

① 本题中将总遗产在三个儿子、两个女儿和四个受赠人之间进行分配，此处花拉子密给出两种算法。第一种设总遗产为 C，每个女儿的份额大小为 x，则每个儿子的份额大小为 $2x$。设一为单位 1，且 $C=24d$。其中第一份遗赠为 $x+d$。第二份遗赠为 $\frac{1}{5}(6d-x-d)+d=2d-\frac{x}{5}$，其中总遗产的 $\frac{1}{3}$ 为 $8d$，将其减去两份遗赠后剩余 $5d-\frac{4}{5}x$。第三份遗赠为 $\frac{1}{4}\left(5d-\frac{4}{5}x\right)+d=\frac{9}{4}d-\frac{1}{5}x$，则在总遗产的 $\frac{1}{3}$ 中减去三份遗赠后剩余 $\frac{11}{4}d-\frac{3}{5}x$。第四份遗赠为 $3d$，得到总遗产的 $\frac{1}{3}$ 中减去四份遗赠后剩余 $\left(\frac{11}{4}d-\frac{3}{5}x\right)-3d=-\left(\frac{1}{4}+\frac{3}{5}x\right)$。花拉子密此处并没有明确表明"一"，而是只指出 $\left(\frac{1}{4}+\frac{3}{5}x\right)$ 应从总遗产剩余的 $\frac{2}{3}$（即 $16d$）中取出，得到方程 $16d-\left(\frac{1}{4}d+\frac{3}{5}x\right)=8x \longrightarrow 15d+\frac{3}{4}d=8x+\frac{3}{5}x \to \frac{63}{4}d=\frac{43}{5}x \longrightarrow x=\frac{315}{172}d=d+\frac{143}{172}d$，其中 $d=\frac{1}{24}C$。

② 此处指的是 $\frac{1}{4}C-$前两份遗赠$=\frac{1}{4}C-x-d-\frac{1}{5}\left(\frac{1}{4}C-x-d\right)-d=\frac{4}{5}\left(\frac{1}{4}C-x\right)-\frac{9}{5}d=\frac{4}{5}\cdot\frac{1}{4}C-\frac{4}{5}x-\frac{9}{5}d$ $\longrightarrow$ 前两份遗赠之和$=\frac{1}{4}C-\frac{1}{5}C+\frac{4}{5}x+\frac{9}{5}d=\frac{1}{20}C+\frac{4}{5}x+\frac{9}{5}d$。若设总遗产为240份，则其 $\frac{1}{20}$ 为12份。

份额加五分之三的份额加二加一所分二十份中的七份。将总遗产补全，即将所有的加其所分一百八十一份中的五十九份。结果为当份额为三百六十二，一为三百六十二时，总遗产为五千二百五十六。（总遗产的）四分之一中的（前两份）遗赠（之和）为一千二百零四；（总遗产的）三分之一中的遗赠[1]为四百九十九；（总遗产的）八分之一为六百五十七。[2]

凑　足　章

问题：一个女人去世后留下她的八个女儿、母亲和丈夫，给某人的遗赠与

---

① 此处指第三份遗赠。

② 第二种方法中，首先在总遗产的$\frac{1}{4}$中取出前两份遗赠：

$$\left[\frac{1}{4}C-(x+d)\right]-\frac{1}{5}\left[\frac{1}{4}C-(x+d)\right]-d=\frac{4}{5}\left(\frac{1}{4}C-x\right)-\frac{9}{5}d=\frac{4}{5}\cdot\frac{1}{4}C-\frac{4}{5}x-\frac{9}{5}d$$

故前两份遗赠之和为$\frac{1}{4}C-\frac{1}{5}C+\frac{4}{5}x+\frac{9}{5}d=\frac{1}{20}C+\frac{4}{5}x+\frac{9}{5}d$。

设总遗产为 240 份，其$\frac{1}{20}$为 12 份，其$\frac{1}{3}$为 80 份。在总遗产的$\frac{1}{3}$中减去前两份遗赠：

$$\frac{1}{3}C-\left(\frac{1}{20}C+\frac{4}{5}x+\frac{9}{5}d\right)=80-12-\frac{4}{5}x-\frac{9}{5}d$$

总遗产的$\frac{1}{3}$中减去前三份遗赠：

$$\left[\frac{1}{3}C-\left(\frac{1}{20}C+\frac{4}{5}x+\frac{9}{5}d\right)\right]-\frac{1}{4}\left[\frac{1}{3}C-\left(\frac{1}{20}C+\frac{4}{5}x+\frac{9}{5}d\right)\right]-d=\frac{17}{80}C-\frac{3}{5}x-\left(2+\frac{7}{20}\right)d=51-\frac{3}{5}x-\left(2+\frac{7}{20}\right)d$$

得到方程

$$\frac{2}{3}C-\frac{C}{8}+\frac{17}{80}C-\frac{3}{5}x-\frac{47}{20}d=8x\longrightarrow\frac{181}{240}C=\frac{47}{20}d+\frac{43}{5}x\longrightarrow\frac{181}{240}C\cdot\left(1+\frac{59}{181}\right)=\left(\frac{47}{20}d+\frac{43}{5}x\right)\cdot\left(1+\frac{59}{181}\right)$$

$$\longrightarrow C=\frac{564}{181}d+\frac{2064}{181}x$$

若$x=181t$，$d=181t$，得到$C=2628t$。由此若$t=2$，则有$x=362$、$d=362$、$C=5256$，这是花拉子密所得数值。此时第一份遗赠为$x+d=724$；第二份遗赠为$\frac{1}{5}\left(\frac{1}{4}C-724\right)+d=480$；二者之和，即从总遗产的$\frac{1}{4}$中取出的遗赠为 1204；第三份遗赠为$\frac{1}{4}\left(\frac{1}{3}C-1204\right)+d=499$；第四份遗赠为$\frac{1}{8}C=657$；四份遗赠之和为$S=2360$，则有方程$C-S=8x$，有$2896=8\times 362$。

一个女儿的份额凑足总遗产的五分之一，给另一个人的遗赠与母亲的份额可以凑足总遗产的四分之一。

解题过程：根据法律确定（在继承人间分配的）遗产份数为十三份。[①]从总遗产中取出第一份遗赠，即总遗产的五分之一减去一份——一个女儿的份额大小；接下来从中取出第二份遗赠，即总遗产的四分之一减去两份——母亲的份额大小。此时剩余总遗产所分二十份中的十一份加三份（份额）等于十三份（份额）。为了（对消）三份（份额），从十三份（份额）中取出三份（份额），则剩余总遗产所分二十份中的十一份等于十份（份额）。将总遗产补全，即将十份（份额）加上其所分十一份中的九份，结果得到总遗产等于十八份（份额）加一份（份额）所分十一份中的两份。设一份（份额）等于十一，结果得到总遗产为二百，一份份额大小为十一，第一份遗赠为二十九，第二份遗赠为二十八。

问题：如果法律规定的份额相同，给某人的遗赠与丈夫的份额可以凑足（总遗产的）三分之一；给另一人的遗赠与母亲的份额可以凑足（总遗产的）四分之一；给第三个人的遗赠与一个女儿的份额可以凑足（总遗产的）五分之一。遗产继承人同意这样。

解题过程：根据法律确定遗产份数为十三。[②]随后取总遗产，从中取出其

① 在遗赠卷部分的“另一类遗赠问题（之五）章”中存在与本题类似的继承人情况，其中前三道题目中讲述的是一个女人去世后留下她的丈夫、母亲和两个女儿，则继承人共得到 13 份份额，其中每个女儿得到 4 份、母亲得到 2 份、丈夫得到 3 份。本题不同于前面的情况，将遗产部分分为 13 份，每个女儿得到 1 份、母亲得到 2 份、丈夫得到 3 份。

由题意得第一份遗赠为 $\left(\frac{1}{5}C-x\right)$，第二份遗赠为 $\left(\frac{1}{4}C-2x\right)$，在总遗产中减去两份遗赠后剩余 $\frac{11}{20}C+3x$，得到方程

$$\frac{11}{20}C+3x=13x\longrightarrow\frac{11}{20}C=10x\longrightarrow\frac{11}{20}C\cdot\left(1+\frac{9}{11}\right)=10x\cdot\left(1+\frac{9}{11}\right)\longrightarrow C=\frac{200}{11}x=18x+\frac{2}{11}x$$

设 $x=11$，得 $C=200$，第一份遗赠为 29，第二份遗赠为 28。更为一般的情况中，设 $x=11t$，有 $C=200t$，两份遗赠分别为 $29t$ 和 $28t$。

② 由题意得第一份遗赠为 $\left(\frac{1}{3}C-3x\right)$；第二份遗赠为 $\left(\frac{1}{4}C-2x\right)$；第三份遗赠为 $\left(\frac{1}{5}C-x\right)$，三者之和为 $\left(\frac{47}{60}C-6x\right)$，得到方程 $\frac{13}{60}C+6x=13x\longrightarrow\frac{13}{60}C=7x\longrightarrow\frac{13}{60}C\cdot\frac{60}{13}=7x\cdot\frac{60}{13}\longrightarrow C=\frac{420}{13}x=32x+\frac{4}{13}x$。设 $x=13$，则有 $C=420$。更为一般的情况，当 $x=13t$ 时，$C=420t$。

三分之一减去三份，（其中三份份额为）丈夫的份额；接下来（从剩余部分中）取出（总遗产的）四分之一减去两份份额，（其中两份份额为）母亲的份额；接下来取出（总遗产的）五分之一减去一份份额，则总遗产中剩余其所分六十份中的十三份加六份（份额）等于十三份（份额）。从十三份中取出六份，则剩余总遗产所分六十份中的十三份等于七份（份额）。将总遗产补全，即将七份（份额）乘以四加十三份中的八份之和，得到总遗产等于三十二份（份额）加一份（份额）所分十三份中的四份，此时总遗产为四百二十。

问题：如果法律规定的遗产份数相同，给某人的遗赠与母亲的遗产可以凑足（总遗产的）四分之一，给另一个人的遗赠与女儿的份额可以凑足总遗产减去第一份遗赠后剩余部分的五分之一。

解题过程：根据法律确定（在继承人间分配遗产的）份数为十三。从总遗产中取出其四分之一减去两份（份额），随后从剩余部分[①]中减去所剩部分的五分之一再减去一份（份额）。此时检查从总遗产中取出两份（遗赠）后剩余部分的大小，发现其为总遗产的五分之三加二份份额加五分之三份份额等于十三份（份额）。从十三份（份额）中取出两份加五分之三份，则剩余十份加五分之二份（份额）等于五分之三的总遗产。将总遗产补全，即将份额数加上其三分之二，得到总遗产等于十七份（份额）加三分之一份（份额）。设一份（份额）等于三，得到总遗产为五十二，每份（份额）为三，第一份遗赠为七，第二份（遗赠）为六。[②]

问题：如果法律规定的遗产份数相同，给某人的遗赠与母亲的份额可以凑足总遗产的五分之一，给另一个人的遗赠等于总遗产中（减去第一份遗赠后）

---

① 此处原文为“总遗产”。

② 设总遗产为 C，每份份额大小为 x，总遗产共 $13x$。第一份遗赠为$\left(\frac{1}{4}C-2x\right)$，第二份遗赠为$\frac{1}{5}\left[C-\left(\frac{1}{4}C-2x\right)\right]-x$

$=\frac{1}{5}\left(\frac{3}{4}C+2x\right)-x=\frac{3}{20}C-\frac{3}{5}x$。

得方程 $\frac{3}{5}C+2x+\frac{3}{5}x=13x\longrightarrow\frac{3}{5}C=10x+\frac{2}{5}x\longrightarrow\frac{3}{5}C\cdot\left(1+\frac{2}{3}\right)=\left(10x+\frac{2}{5}x\right)\cdot\left(1+\frac{2}{3}\right)\longrightarrow C=$

$17x+\frac{x}{3}$。若 $x=3$，得到 $C=52$；若 $x=3t$，得到 $C=52t$，此时第一份遗赠为 $7t$，第二份遗赠为 $6t$。

剩余部分的六分之一，（遗产）份数为十三。[①]

解题过程：从总遗产中取出其五分之一减去两份（份额），随后再取出剩余部分的六分之一，则剩余总遗产的三分之二加一份（份额）再加三分之二份（份额）等于十三份（份额）。从十三份（份额）中取出一份（份额）加三分之二份（份额），则剩余总遗产的三分之二等于十一份（份额）加三分之一份（份额）。将总遗产补全，即将份额部分加上其二分之一，得到总遗产等于十七份（份额）。设总遗产为八十五，则每份（份额）为五，第一份遗赠为七，第二份（遗赠）为十三，剩余的六十五留给遗产继承人。

问题：如果法律规定的遗产份数相同，留给某人的遗赠等于用母亲的份额凑足总遗产三分之一的部分再减去用女儿的份额凑足总遗产减去（第一次）凑足部分后剩余部分的四分之一的部分，其中（遗产）份数为十三份。[②]

解题过程：从总遗产中取出其三分之一减去两份（份额），随后将剩余的部分加其四分之一减去一份（份额），结果得到总遗产的六分之五加一份（份额）加二分之一份（份额）等于十三份（份额）。从十三份（份额）中取出一份（份额）加二分之一份（份额），剩余十一份（份额）加二分之一份（份额）等于总遗产的六分之五。将总遗产补全，同时将份数加其五分之一，结果为总遗产等于十三份（份额）

---

① 设总遗产为 C，每份份额大小为 x，总遗产共 $13x$。第一份遗赠为$\left(\frac{1}{5}C-2x\right)$，第二份遗赠为$\frac{1}{6}\left[C-\left(\frac{1}{5}C-2x\right)\right]$。从总遗产中减去两份遗赠剩余：$C-\left(\frac{1}{5}C-2x\right)-\frac{1}{6}\left[C-\left(\frac{1}{5}C-2x\right)\right]=\frac{5}{6}\left[C-\left(\frac{1}{5}C-2x\right)\right]=\frac{2}{3}C+\frac{5}{3}x$，得到方程$\frac{2}{3}C+\frac{5}{3}x=13x\longrightarrow\frac{2}{3}C=11x+\frac{1}{3}x\longrightarrow\frac{2}{3}C\cdot\left(1+\frac{1}{2}\right)=\left(11x+\frac{1}{3}x\right)\cdot\left(1+\frac{1}{2}\right)\longrightarrow C=17x$。若设 $x=t$，得到 $C=17t$，第一份遗赠为$\frac{7}{5}t$，第二份遗赠为$\frac{13}{5}t$。花拉子密设 $t=5$，则 $x=5$、$C=85$，第一份遗赠为 7，第二份遗赠为 13，遗产继承人得到 65。

② 设总遗产为 C，每份份额大小为 x，总遗产共 $13x$。遗赠为$\left(\frac{1}{3}C-2x\right)-\left\{\frac{1}{4}\left[C-\left(\frac{1}{3}C-2x\right)\right]-x\right\}$。从总遗产中减去遗赠得到$\left[C-\left(\frac{1}{3}C-2x\right)\right]+\frac{1}{4}\left[C-\left(\frac{1}{3}C-2x\right)\right]-x=\left[C-\left(\frac{1}{3}C-2x\right)\right]\left(1+\frac{1}{4}\right)-x=\frac{5}{6}C+x+\frac{1}{2}x$。得方程$\frac{5}{6}C+x+\frac{1}{2}x=13x\longrightarrow\frac{5}{6}C=11x+\frac{1}{2}x\longrightarrow\frac{5}{6}C\cdot\left(1+\frac{1}{5}\right)=\left(11x+\frac{1}{2}x\right)\cdot\left(1+\frac{1}{5}\right)\longrightarrow C=13x+\frac{4}{5}x$。若 $x=5t$，得到 $C=69t$，遗赠为 $4t$。

加五分之四份（份额）。设一份（份额）等于五，则总遗产为六十九，遗赠为四。

问题：一个男人去世后留下一个儿子和五个女儿，给某人的遗赠等于与儿子份额凑足（总遗产的）五分之一加上六分之一的部分减去（总遗产的）三分之一减去（第一份）凑足部分后剩余部分的四分之一。[①]

解题过程：取总遗产的三分之一，从中取出总遗产的五分之一加其六分之一减去两份（份额），则剩余两份（份额）减去总遗产所分一百二十份中的四份。随后将其加上减去的部分，即二分之一份（份额）减去总遗产（所分一百二十份）中的一份，则剩余两份（份额）加二分之一份（份额）减去总遗产所分一百二十份中的五份。将其加总遗产的三分之二，则结果为总遗产所分一百二十份中的七十五份加两份（份额）加二分之一份（份额）等于七份（份额）。从七份（份额）中取出二份（份额）加上二分之一份（份额），则剩余（总遗产所分）一百二十（份）中的七十五（份）等于四份（份额）加二分之一份（份额）。将总遗产补全，即将份（额）数加其五分之三，结果为总遗产等于七份（份额）加五分之一份（份额），若一份（份额）为五，得到总遗产为三十六，每份份额为五，遗赠为一。

问题：如果一个男人去世后留下他的母亲、妻子和四个姐妹，给某人的遗赠等于与他的妻子和一个姐妹的份额可以凑足（总遗产的）二分之一的部分减去（总遗产的）三分之一减去凑足部分差的七分之二。

解题过程：若从（总遗产的）三分之一中取出（其）二分之一，则剩余减去的（总遗产的）六分之一，即（从）母亲份额与一个姐妹份额之和（中减去），其

① 本题中继承人为一个儿子和五个女儿，故将给子女的遗产部分分为七份，遗赠为 $\left(\frac{1}{5}+\frac{1}{6}\right)C-2x-\frac{1}{4}\left[\frac{1}{3}C-\left(\frac{1}{5}+\frac{1}{6}x\right)C+2x\right]$，从总遗产的 $\frac{1}{3}$ 中减去此遗赠：

$$\left[\frac{1}{3}C-\left(\frac{1}{5}+\frac{1}{6}\right)C+2x\right]+\frac{1}{4}\left[\frac{1}{3}C-\left(\frac{1}{5}+\frac{1}{6}\right)C+2x\right]=\left(2x-\frac{4}{120}C\right)+\left(\frac{x}{2}-\frac{1}{120}C\right)=\left(2x+\frac{x}{2}\right)-\frac{5}{120}C$$

得到方程

$$\frac{2}{3}C+\left[\left(2x+\frac{x}{2}\right)-\frac{5}{120}C\right]=7x\longrightarrow\frac{75}{120}C=4x+\frac{1}{2}x\longrightarrow\frac{75}{120}C\cdot\left(1+\frac{3}{5}\right)=\left(4x+\frac{1}{2}x\right)\cdot\left(1+\frac{3}{5}\right)\longrightarrow$$

$$C=7x+\frac{1}{5}x$$

若 $x=5t$，则有 $C=36t$，遗赠为 t。

为五份（份额），则在（总遗产的）三分之一中剩余五份（份额）减去总遗产的六分之一。减去的其七分之二等于五份（份额）的七分之二减去总遗产六分之一的七分之二，得到（二者之和为）六份（份额）加七分之三份（份额）减去总遗产的六分之一加总遗产六分之一的七分之二。将其加总遗产的三分之二，得到总遗产所分四十二份中的十九份加六份（份额）加七分之三份（份额）等于十三份（份额），从其中取出这些份（额）数，剩余（总遗产所分四十二份中的）十九份等于六份（份额）加七分之四份（份额）。将总遗产补全，即将其二倍加（其所分）十九份中的四份，得到总遗产等于十四份（份额）加一份（份额）所分一百三十三份中的七十份。设一份（份额）为一百三十三，得到法律规定的份额数[①]为一千九百三十二，每份（份额）等于一百三十三，凑足部分为三百零一[②]，从（总遗产的）三分之一中减去的部分为九十八，则剩余的遗赠为二百零三，留给继承人的遗产为一千七百二十九。[③]

---

① 此处指总遗产。

② 其为 $\frac{1}{2}C-5x=966-665=301$ 。

③ 本题中继承人为母亲、妻子和四个姐妹。根据法律规定，遗产部分为 13 份份额。文中指出妻子和一个姐妹得到其中的 5 份，但并没有明确各自的份额。其中遗赠为 $\frac{1}{2}C-5x-\frac{2}{7}\left[\frac{1}{3}C-\left(\frac{1}{2}C-5x\right)\right]$。

在总遗产的 $\frac{1}{3}$ 中减去遗赠后剩余的部分为

$$\left[\frac{1}{3}C-\left(\frac{1}{2}C-5x\right)\right]+\frac{2}{7}\left[\frac{1}{3}C-\left(\frac{1}{2}C-5x\right)\right]=\left(5x-\frac{C}{6}\right)+\frac{2}{7}\left(5x-\frac{C}{6}\right)=\left(6x+\frac{3}{7}x\right)-\left(\frac{C}{6}+\frac{2}{7}\cdot\frac{C}{6}\right)$$

得到方程

$$\frac{2}{3}C-\left(\frac{C}{6}+\frac{2}{7}\cdot\frac{C}{6}\right)+\left(6x+\frac{3}{7}x\right)=13x\longrightarrow\frac{19}{42}C+\left(6x+\frac{3}{7}x\right)=13x\longrightarrow\frac{19}{42}C=6x+\frac{4}{7}x\longrightarrow$$

$$\frac{19}{42}C\cdot\left(2+\frac{4}{19}\right)=\left(6x+\frac{4}{7}x\right)\cdot\left(2+\frac{4}{19}\right)\longrightarrow C=14x+\frac{70}{133}x$$

若设 $x=19t$, 则有 $C=276t$ 。花拉子密在本题中选择 $t=7$ ，则 $x=133$, $C=1932$ 。得到遗赠为 $301-98=203$，这样做可能是想保证单项式 $5x$ 和 $\frac{1}{6}C$ 均可被 7 整除。若 $t=1$，则有 $x=19, C=276$，此时 $5x$ 和 $\frac{1}{6}C$ 不可被 7 整除，但是 $5x-\frac{1}{6}C=49$ 可被 7 整除，此时遗赠为 $43-14=29$ 。

本题在运算过程中出现了“负数”，即在 $\left(\frac{1}{3}C-\frac{1}{2}C+5x\right)$ 中 $\frac{1}{3}C-\frac{1}{2}C=-\frac{1}{6}C$, 但是花拉子密将其整体表述为 $5x-\frac{1}{6}C$，从而避免出现“负数”。

归还（遗产）计算问题

疾病中的婚姻节

问题：一个男人在其病危期间娶妻，他的财产为一百，除此之外没有其他财产。男人给妻子的彩礼钱利用相同的单位衡量[①]，为十。不久，妻子去世并遗赠（某人）其遗产的三分之一，随后男人也去世了。

解题过程：从一百中取出男人给妻子的彩礼钱，即十，则剩余九十，其中还有一部分要留给妻子。设男人留给妻子的遗产为物，则（男人）剩余九十减去物，此时妻子得到十加物。妻子遗赠（某人）其遗产的三分之一，即三又三分之一再加三分之一的物，则剩余六又三分之二再加三分之二的物。其中的二分之一要返还给男人作为他的遗产，即三又三分之一加三分之一的物，由此男人的继承人会得到九十三又三分之一减去三分之二的物，等于给妻子遗产部分的二倍。其中（设）妻子所获遗产为物，这是由于妻子本可以将男人死后其所有遗产的三分之一作为（给她的部分），她所获遗产的二倍即为二倍的物。通过三分之二的物将九十三又三分之一进行还原，即将其加二倍的物，结果为九十三又三分之一等于二倍的物加三分之二的物，一倍的物等于其八分之三，则它等于九十三又三分之一的八分之三，即三十五。[②]

问题：如果问题（与上题）情况相同，但妻子有十的债务，她将其遗产的

---

① 此处原文字面意思为“与她相同”。

② 一个男人的总财产为 100，他病危时娶妻的彩礼为 10。设他留给妻子的遗产为 x，则男人剩余 $90-x$，妻子得到 $x+10$。若妻子死在男人的前面，则她要将自己所剩财产的一半返还给男人。本题中，妻子将其遗产的 $\frac{1}{3}$ 进行遗赠，剩余部分的一半，即 $\frac{1}{3}(x+10)$ 要返还男人，故男人死后留下的遗产为 $(90-x)+\left(3+\frac{1}{3}+\frac{x}{3}\right)$。由此得到方程 $93+\frac{1}{3}-\frac{2}{3}x=2x \longrightarrow \frac{8}{3}x=93+\frac{1}{3} \longrightarrow x=\frac{3}{8}\left(93+\frac{1}{3}\right)=35$。

三分之一进行遗赠。

解题过程：妻子得到十作为她的彩礼，则在（男人）剩余的九十中有一部分作为（给）妻子的遗产。设妻子的遗产为物，则（男人）剩余九十减去物，妻子得到十加物。妻子偿还了十的债务，则妻子剩余物。妻子遗赠其三分之一遗产，即三分之一的物，剩余三分之二的物，其一半要作为遗产返还给男人，即三分之一的物，则男人的遗产继承人可以得到九十减去三分之二的物，它等于（给妻子）遗产部分的二倍，即二倍的物。通过三分之二的物将九十还原，将其加二倍的物，则得到九十等于二的物加三分之二的物，则物等于其八分之三，即三十三又四分之三，此即为（妻子）遗产。[①]

问题：如果一个男人娶妻子时有一百的财产，给妻子的彩礼与前面相同，为十。男人给某人的遗赠为其全部遗产的三分之一。

解题过程：男人给妻子的彩礼按照相同的单位度量，即十，则男人剩余九十。男人留给妻子的遗产为一倍的物。同样取出一倍的物作为遗赠，则总遗产的三分之一在妻子和某人二者之间平分，每人得到一半。这是由于如果与妻子（遗赠）相同的（受赠人）得到（总遗产的）三分之一，则妻子什么也得不到。则给遗赠为（总遗产）三分之一的受赠人同样得到物，接下来妻子的部分遗产返还给男人的继承人，即五加二分之一的物，男人的继承人得到九十五减去物加二分之一（的物），等于四倍的物。通过物加二分之一的物将其还原，剩余九十五等于五倍的物加二分之一（的物）。如果将它们均转化为（各自的）二倍，则有一百九十等于十一倍的物，一倍的物等于十七加一所分十一份中的三份，此为遗赠大小。[②]

---

① 本题与上题类似，不同之处在于妻子有10的债务，这恰好等于她的彩礼，此时方程转化为

$$90-x+\frac{x}{3}=2x \longrightarrow 90-\frac{2}{3}x=2x \longrightarrow 2x+\frac{2}{3}x=90 \longrightarrow x=\frac{3}{8}\times 90=33+\frac{3}{4}\text{。}$$

② 与上题相同，设男人留给妻子的遗产为 x，男人剩余 $90-x$，妻子得到 $10+x$。妻子死后遗产的一半，即 $\frac{10+x}{2}=5+\frac{x}{2}$，要返还男人的继承人。此外，男人遗赠给某人总遗产的 $\frac{1}{3}$，由于男人在病中给妻子的遗产为其总遗产的 $\frac{1}{3}$。由前面章节可知，遗赠不能超过总遗产的 $\frac{1}{3}$，故将男人总遗产的 $\frac{1}{3}$ 在妻子和受赠人之间平分。若设二者之和为 $2x$，即总遗产的 $\frac{1}{3}$ 为 $2x$，继承人得到剩余的 $\frac{2}{3}$，即 $4x$，故得到方程

$$(90-x)+\left(5+\frac{x}{2}\right)-x=4x \longrightarrow 95-\left(x+\frac{x}{2}\right)=4x \longrightarrow \left(x+\frac{x}{2}\right)+4x=95 \longrightarrow 11x=190 \longrightarrow x=17+\frac{3}{11}\text{。}$$

问题：一个男人娶妻子时有一百的财产，给妻子的彩礼同样为十。妻子在男人之前去世，留下十的遗产，且将她遗产的三分之一遗赠某人。接下来，男人去世并留下一百二十的财产，且将他财产的三分之一遗赠某人。

解题过程：男人给妻子的彩礼同样为十，则男人的继承人剩余一百一十。由于遗赠给妻子的财产为物，则剩余一百一十减去物，妻子的继承人得到二十加上一倍的物，她将其三分之一进行遗赠，即六又三分之二加上三分之一的物，且要返还给男人继承人的部分为剩余部分的一半，即六又三分之二加三分之一的物，此时男人的继承人得到一百一十六又三分之二减三分之二的物。他将其三分之一进行遗赠，即物，则剩余一百一十六又三分之二减去物加上三分之二的物等于两份遗赠之和的二倍，即四倍的物。将其还原，结果为一百一十六又三分之二等于五倍的物加三分之二的物，则一倍的物等于二十加一所分十七份中的十份，此为遗赠大小，这就是对本题的理解。[①]

病中释放（奴隶）章

奴隶主在病中释放了他的两个奴隶，奴隶主有一个儿子和一个女儿。随后，其中一个奴隶去世，留下的遗产大于其价值，且留下一个女儿。

如果这个奴隶在奴隶主之前去世，将他自身价值的三分之二加上另一个奴隶为自己赎身而付出的金额，再加上奴隶主的遗产[②]，将要在（奴隶主的）儿子和（奴隶主的）女儿间分配，其中（奴隶主的）儿子得到的份额为（奴隶主的）女儿的二倍。如果这个奴隶在奴隶主之后去世，将这个奴隶价值的三分之二加上另一个奴隶为自己赎身而付出的金额，将要在（奴隶主的）儿子和（奴

① 本题中男人给妻子的彩礼为 10，给其遗产为 x，此时男人的继承人剩余 $120-10-x=110-x$。妻子去世后的遗产为 $(20+x)$，将其 $\frac{1}{3}$ 遗赠，剩余的一半要返还男人的继承人，即 $\frac{1}{3}(20+x)$。与上题相同，本题中丈夫还有一份遗赠，其大小与给妻子的遗赠相同，由此两份遗赠之和为 $2x$。得到方程

$$110-x+\frac{1}{3}(20+x)-x=4x \longrightarrow 116+\frac{2}{3}=5x+\frac{2}{3}x \longrightarrow x=20+\frac{10}{17}。$$

② 此处“奴隶主的遗产”指的是奴隶主从死去的奴隶那里得到的遗产。

隶主的）女儿间分配，其中（奴隶主的）儿子得到的份额为（奴隶主的）女儿的二倍。剩余的遗产[①]只会给（奴隶主的）儿子，而不会给（奴隶主的）女儿。这是由于习惯上这个（死去的）奴隶遗产的一半将会给自己的女儿，另一半会给奴隶主的儿子，而（奴隶主的）女儿什么也得不到。[②]

奴隶主在病中释放了他的奴隶。除此之外，奴隶主再无其他财产。若奴隶在奴隶主之前去世，则（运算方法与前面）类似。如果奴隶主在病中释放了他的奴隶，除此之外奴隶主再无其他财产，奴隶必须用其价值的三分之二为自己赎身。如果奴隶主已经事先收取了其价值的三分之二，并将其花掉，此时奴隶主去世了，则释放的奴隶还需返还其剩余（价值）的三分之二。

如果他已经返还（奴隶主）其全部价值，且奴隶主将其花掉，则此时奴隶不再欠任何东西，他已经偿还了其全部价值。[③]

问题：如果奴隶主在病中释放了他的奴隶，奴隶价值三百。除此之外，奴隶主再没有其他财产。随后，奴隶去世，留下三百和一个女儿。

解题过程：设给奴隶的遗赠为物，则偿还他自身价值（减去遗赠后）剩余的部分为三百减去一倍的物，因此奴隶主得到的赎金为三百减去物。随后，奴隶去世，留下一倍的物和一个女儿。奴隶的女儿会得到其中的一半，即二分之一的

---

① 此处指的是死去奴隶的遗产。

② 若设死去奴隶价值的 $\frac{2}{3}$ 加上另一个奴隶为偿还自己自由而付出的金额之和为 s。死去奴隶的遗产为 r，此时会出现两种分配方式：

（1）若这个奴隶在奴隶主之前去世，其中 $\frac{r}{2}$ 要返还奴隶主，当奴隶主去世时，留下 $\left(s+\frac{r}{2}\right)$ 将在奴隶主的儿子和奴隶主的女儿间分配，其中奴隶主的儿子得到 $\frac{2}{3}\left(s+\frac{r}{2}\right)$，奴隶主的女儿得到 $\frac{1}{3}\left(s+\frac{r}{2}\right)$，剩余的 $\frac{r}{2}$ 归死去奴隶的女儿所有；

（2）若这个奴隶在奴隶主之后去世，首先 s 将在奴隶主的儿子和奴隶主的女儿间分配，其中奴隶主的儿子得到 $\frac{2}{3}s$，奴隶主的女儿得到 $\frac{1}{3}s$。随后死去奴隶的遗产 r 将要在奴隶的女儿和奴隶主的儿子间平分，每人得到 $\frac{r}{2}$。

③ 若奴隶主释放奴隶的价值为 p，此外奴隶主再无其他财产，则这个奴隶必须将 $\frac{2}{3}p$ 返还奴隶主。如果奴隶主在去世前已经收到 $\frac{2}{3}p$，奴隶主去世后，奴隶还要返还其剩余价值的 $\frac{2}{3}$，即 $\frac{2}{3}\cdot\frac{1}{3}p=\frac{2}{9}p$。如果这个奴隶已经支付了 p，则他不需要返还奴隶主任何东西。

物，奴隶主（的继承人）会得到同样的二分一的物。因此奴隶主的继承人会得到三百减去二分之一的物，其等于二倍的遗赠，即二倍的物。[①] 通过二分之一的物将三百还原，即将其加上二倍的物，结果为三百等于二倍的物加二分之一（的物）。一倍的物等于其五分之二，即一百二十，此即为遗赠的大小，赎金为一百八十。[②]

问题：如果奴隶主在病中释放了他的奴隶，奴隶价值三百。（这个奴隶）去世后留下四百的财产和十的债务，留下两个女儿并将其全部遗产的三分之一遗赠某人，此外奴隶主还有二十的债务。

解题过程：设奴隶主给奴隶的遗赠为物，奴隶价值（减去遗赠后）剩余的部分为他的赎金，即三百减去一倍的物。奴隶去世后留下四百，首先从中取出赎金，即三百减去物，则奴隶的继承人得到剩余的部分，即一百加上物。从中减去债务，即十，则剩余九十加上一倍的物。他遗赠了其中的三分之一，即三十加上三分之一的物，则继承人可以得到剩余的部分，即六十加三分之二的物。他的两个女儿可以得到其中的三分之二，即四十加九分之四的物，奴隶主得到二十加九分之二的物。奴隶主的继承人会得到三百二十减去九分之七的物，从中取出奴隶主的债务，即二十，剩余三百减去九分之七的物，等于给奴隶遗赠部分的二倍，即二倍的物。通过九分之七的物将三百还原，即将其加上二倍的物，则剩余三百等于二倍的物加九分之七的物，一倍的物等于其所分二十五份中的九份，结果得到一百零八，此即为给奴隶的遗赠。[③]

---

① 本题和下一题类似，即总遗赠均为奴隶主总遗产的$\frac{1}{3}$，则奴隶主的继承人得到的遗产为遗赠的二倍。

② 根据法律规定，在含有遗赠的问题中，遗赠总额不能超过总遗产的$\frac{1}{3}$。本题方程为$(300-x)+\frac{x}{2}=2x\longrightarrow 2x+\frac{1}{2}x=300\longrightarrow x=\frac{2}{5}\times 300=120$，奴隶返还的赎金为180。

③ 本题中奴隶的价值为300，设奴隶主给他的遗赠为x。奴隶的赎金为$(300-x)$。又由于奴隶去世后剩余的财产为400，且有 10 的债务，故奴隶的继承人可以得到$400-(300-x)-10=90+x$。奴隶遗赠了其中的$\frac{1}{3}$，则剩余$\left(60+\frac{2}{3}x\right)$将要在奴隶主和奴隶的两个女儿间进行分配，每人得到其$\frac{1}{3}$。得到方程

$$(300-x)+\left(20+\frac{2}{9}x\right)-20=2x\longrightarrow 300-\frac{7}{9}x=2x\longrightarrow x=\frac{9}{25}\times 300=108\text{。}$$

问题：如果奴隶主在病中释放了他的两个奴隶，除此之外再无其他财产，每个奴隶价值三百。奴隶主事先已经收取了一个奴隶价值的三分之二并将其花掉。奴隶主去世时，他仍享有事先收取（其价值三分之二）那个奴隶价值的三分之一。奴隶主的全部财产为他事先没有收取任何部分奴隶的全部价值，加上他事先收取其价值（三分之二）那个奴隶价值的三分之一，即一百，共四百。总遗产的三分之一（作为两个奴隶的遗赠）要在两个奴隶间平分，即一百三十三又三分之一，每个奴隶得到六十六又三分之二。对于那个事先已支付奴隶主其自身价值三分之二的那个奴隶还要支付三十三又三分之一的赎金，在一百中他享有六十六又三分之二作为遗赠，他要返还一百中剩余的部分作为赎金，而第二个奴隶要返还二百三十三又三分之一的赎金。[①]

问题：奴隶主在病中释放了他的两个奴隶，其中一个价值三百，另一个价值五百。价值三百的奴隶去世后留下一个女儿，奴隶主去世后留下一个儿子，这个去世的奴隶留下四百的财产，则每个奴隶的赎金是多少？

解题过程：设价值三百的奴隶的遗赠为物，则他的赎金为三百减去物。设价值五百的奴隶的遗赠为一倍的物加三分之二的物，他的赎金为五百减一倍的物加三分之二的物。这是由于他的价值等于第一个奴隶的价值加上其三分之二。由于第一个奴隶的遗赠为物，则第二个奴隶的遗赠为物加上其三分之二。价值为三百的奴隶死后留下四百，其中包含他的赎金，即三百减去物，则他的继承人将得到一百加一倍的物。其中二分之一归他的女儿所有，即五十加二分之一的物，剩余的归奴隶主的继承人所有，即五十加二分之一的物。将其加上三百减一倍的物，得到三百五十减去二分之一的物。取另一个奴隶的赎金，即五百减去一倍的物再减去三分之二的物，此时他们得到八百五十减去二倍的物

---

① 本题中奴隶主所有的财产仅为两个奴隶，每个奴隶价值 300。奴隶主事先已经收取了一个奴隶 200 的赎金，并将其花掉。在奴隶主去世时，他的财产为 300+100=400，其中 $\frac{1}{3}$ 作为遗赠在两个奴隶间平分，每个奴隶得到 $\left(66+\frac{2}{3}\right)$。所以第一个奴隶还需给奴隶主 $100-\left(66+\frac{2}{3}\right)=33+\frac{1}{3}$ 的赎金。第二个奴隶需返还 $300-\left(66+\frac{2}{3}\right)=233+\frac{1}{3}$ 的赎金。

加六分之一的物，等于两份遗赠之和的二倍，即二倍的物加三分之二物之和（的二倍）。将其还原，得到八百五十等于七倍的物加上二分之一（的物）。将其化简，结果得到一倍的物等于一百一十三又三分之一，此即为价值三百奴隶获得的遗赠。另一个奴隶的遗赠为其加上其三分之二，即一百八十八又九分之八，他的赎金为三百一十一又九分之一。[①]

问题：如果奴隶主在病中释放了他的两个奴隶，每个奴隶价值三百。其中一个奴隶去世后留下五百的财产和一个女儿，奴隶主去世后留下一个儿子。

解题过程：设每个奴隶的遗赠为物，则他们的赎金为三百减去一倍的物。已故的奴隶留下五百的遗产，他的赎金为三百减去物，则剩余二百加上物。其中一百加上二分之一的物要作为遗产返还奴隶主。因此奴隶主的继承人会得到四百减去二分之一的物。取另一个奴隶的赎金，即三百减去一倍的物，则他们得到七百减去一倍的物加二分之一的物，等于两份遗赠之和的二倍，即二倍物（的二倍），等于四倍的物。通过一倍的物加二分之一的物将其还原，得到七百等于五倍的物加二分之一的物。将其化简，得到一倍的物等于一百二十七加一所分十一份中的三份。[②]

问题：如果奴隶主在病中释放了他的一个奴隶，其价值三百。奴隶主事先已经收取了这个奴隶二百并将其花掉。如果这个奴隶在奴隶主去世之前去世并留下一个女儿和三百。

解题过程：将这个奴隶留下的三百加上事先被奴隶主花掉的二百，得到

---

① 本题中两个奴隶的价值分别为 300 和 500，他们各自所获遗赠与其自身价值成正比，分别设为 x 和 $\frac{5}{3}x$，因此他们的赎金分别为 $(300-x)$ 和 $\left(500-\frac{5}{3}x\right)$。第一个奴隶去世后留下 400 的遗产，从中减去他的赎金，剩余 $(100+x)$。这部分遗产在奴隶的女儿和奴隶主的继承人之间平分，各自得到 $\left(50+\frac{x}{2}\right)$，得到方程 $(300-x)+\left(500-\frac{5}{3}x\right)+\left(50+\frac{1}{2}x\right)=2\left(x+\frac{5}{3}x\right)\longrightarrow x=113+\frac{1}{3}$，此即为第一份遗赠的大小。

② 本题中两个奴隶的价值均为 300，且获得遗赠均为 x。第一个奴隶去世后留下 500 的遗产，他的赎金为 $(300-x)$，则剩余 $500-(300-x)=200+x$，其中一半归这个奴隶的女儿所有，另一半要返还奴隶主的继承人，由此得到方程 $(300-x)+(300-x)+\frac{1}{2}(200+x)=4x\longrightarrow 5x+\frac{1}{2}x=700\longrightarrow x=127+\frac{3}{11}$。

五百。从中取出奴隶的赎金，即三百减去物，这是由于奴隶主给奴隶的遗赠为物，则剩余二百加一倍的物。其中的一半，即一百加二分之一的物，归（奴隶的）女儿所有，另一半作为遗产归奴隶主的继承人所有，即一百加二分之一的物。在三百减去一倍的物中，由于奴隶主已经花掉二百，因此奴隶主手中还有一百减去一倍的物。因为奴隶主已经花掉二百，则奴隶主手中还有二百减去二分之一的物，等于这个奴隶遗赠的二倍。因此将二者取半，即一百减去四分之一的物，等于奴隶的遗赠，即一倍的物。通过四分之一的物将其还原，得到一百等于一倍的物加四分之一的物，则一倍的物等于其五分之四，即八十，此即为遗赠的值，赎金为二百二十。

将这个奴隶的遗产，即三百加上已经被奴隶主花掉的二百，得到五百。由于奴隶的赎金为二百二十，还剩余二百八十。因此它的一半，即一百四十要归奴隶的女儿所有，将其从奴隶的遗产，即三百，中取出，剩余的部分为奴隶主的继承人所有，即一百六十，它等于奴隶遗赠的二倍，即物（的二倍）。①

问题：如果奴隶主在病中释放了其一个价值三百的奴隶，奴隶主事先收取了他五百（并将其花掉）。这个奴隶在奴隶主之前去世，留下一千和一个女儿，同时奴隶主有二百的债务。

解题过程：奴隶死后留下一千，将其加上已经被奴隶主花掉的五百。（从中减去）他的赎金，即三百减物，则剩余一千二百加上一倍的物。其中的一半归奴隶的女儿所有，即六百加二分之一的物。此时从奴隶死后留下的财产中，即一千中，将其取出，剩余四百减去二分之一的物。从中减去奴隶主的债务，即二百，则剩余二百减去二分之一的物，等于遗赠的二倍，其中遗赠为物，则

---

① 本题中奴隶主有一个价值 300 的奴隶，他事先已经收取了这个奴隶 200 的赎金并将其花掉。设这个奴隶获得的遗赠为 x，则他还需要偿还的赎金为 $(300-x)-200=100-x$。由于奴隶在去世时留下 300 的财产，从中扣除第二部分赎金后还剩余 $300-(100-x)=200+x$。这部分钱要在奴隶的女儿和奴隶主之间平分，由此得到方程 $(100-x)+\frac{1}{2}(200+x)=2x \longrightarrow 200-\frac{1}{2}x=2x \longrightarrow 100-\frac{1}{4}x=x \longrightarrow 100=x+\frac{1}{4}x \longrightarrow x=\frac{4}{5}\times 100=80$，此即为奴隶获得遗赠的大小，他的赎金为 220。

随后花拉子密验证了计算结果的正确性：由于奴隶的遗产总额=奴隶去世时的财产（300）+已支付给奴隶主的赎金（200）−赎金（220），即 300+200−220=280，其中一半（140）归奴隶的女儿所有，奴隶的遗产中还剩 300−140=160 归奴隶主的继承人所有，它等于遗赠（80）的二倍。

为二倍的物。通过二分之一的物将其还原，结果得到二百等于二倍的物加二分之一（的物）。将其化简，得到一倍的物等于八十，此即为遗赠的值。

将奴隶死后的遗产加上已经还给奴隶主的部分，得到一千五百。从中取出他的赎金，即二百二十，剩余一千二百八十，其中的一半归（奴隶的）女儿所有，即六百四十。此时从奴隶死后的财产，即一千中，将其取出，剩余三百六十。从中取出奴隶主的债务，即二百，奴隶主的继承人得到一百六十，此即为遗赠的二倍。[①]

问题：如果奴隶主在病中释放了一个价值五百的奴隶，（奴隶主）事先收取了奴隶六百并花掉。奴隶主有三百的债务，奴隶去世后留下他的母亲和奴隶主，且留下一千七百五十的财产和二百的债务。

解题过程：奴隶的财产为一千七百五十，将其加上已经还给奴隶主的六百，得到两千三百五十。从中取出（奴隶）二百的债务，再从剩余部分中取出他的赎金，即五百减去物，其中（奴隶主给奴隶的）遗赠为物，则剩余一千六百五十加物。其三分之一归（奴隶的）母亲所有，即五百五十加三分之一的物。从奴隶的财产，即一千七百五十中将其取出，再减去二百的债务，此时剩余一千减去三分之一的物。从其中减去主人的债务，即三百，剩余七百减去三分之一的物，等于遗赠（即物）的二倍。它的一半为三百五十减去六分之一的物，等于一倍的物。通过六分之一的物将其还原，得到三百五十等于一倍的物加六分之一的物。因此物等于三百五十的七分之六，即三百，此即为遗赠的值。

将奴隶的财产加上已经被奴隶主花掉的部分，得到两千三百五十，从中减两百的债务，再减去奴隶的赎金，即奴隶的价钱减去遗赠，等于二百，剩余一千九百五十。其中三分之一归母亲所有，等于六百五十。将其加奴隶二百的债

① 本题中奴隶的价值为 300，他去世后留下 1000，并且已经交给奴隶主 500，则他的总财产为 1500。设奴隶主给他的遗赠为 x，则他的赎金为 $(300-x)$。因此他的遗产为 $1500-(300-x)=1200+x$，其中的一半归他的女儿所有，即 $\left(600+\frac{x}{2}\right)$；在 1000 中剩余的部分 $\left(400-\frac{x}{2}\right)$ 归奴隶主所有。由于奴隶主有 200 的债务，则奴隶主的继承人最终得到 $\left(200-\frac{x}{2}\right)$ 的遗产，它等于遗赠 x 的二倍，由此得到方程 $200-\frac{x}{2}=2x \longrightarrow x=80$。随后花拉子密仿照上题的思路验证了运算的正确性。

务，从奴隶的财产，即一千七百五十中取出，剩余九百。从中减去奴隶主三百的债务，剩余六百，此即为遗赠的二倍。①

问题：如果奴隶主在病中释放了他的一个价值三百的奴隶，奴隶去世后留下一个女儿和三百。接着，（奴隶的）女儿去世留下她的丈夫和三百，随后奴隶主去世。

解题过程：设奴隶去世时留下的财产为三百，他的赎金为三百减去物，故奴隶的遗产剩余物，其中的一半归（奴隶的）女儿所有，另一半要还给奴隶主。将（奴隶的）女儿所得份额，即二分之一的物，加上她的财产，即三百，结果为三百加二分之一的物。它的一半归丈夫所有，另一半要还给奴隶主，即一百五十加四分之一的物。此时奴隶主手中有四百五十减四分之一的物，其等于遗赠的二倍。它的一半等于一倍遗赠，即二百二十五减八分之一的物等于一倍的物，通过八分之一的物将其还原，即将其加上一倍的物，结果为二百二十五等于一倍的物加八分之一的物。将其化简得到一倍的物等于二百二十五的九分之八，即二百。②

问题：如果奴隶主在病中释放了一个价值三百的奴隶。奴隶去世时留下五百和一个女儿。奴隶将遗产的三分之一遗赠给某人。随后，（奴隶的）女儿去世，留下她的母亲，并将她遗产的三分之一进行遗赠，她留下三百。

解题过程：从奴隶的财产中扣除他自己的赎金，即三百减去一倍的物，剩余二百加一倍的物。由于奴隶将自己遗产的三分之一进行遗赠，即六十六又三分之二加

---

① 本题中奴隶的价值为500，他死后留下1750的财产和200的债务。他已经还给奴隶主600，他的赎金为$(500-x)$。由此奴隶的遗产为：$1750+600-200-(500-x)=1650+x$。母亲要得到其中的$\frac{1}{3}$，即$\left(550+\frac{x}{3}\right)$，奴隶主得到剩余的$\frac{2}{3}$。从奴隶死后留下的财产1750中减去母亲所得，再减去奴隶200的债务，减去主人300的债务，剩余为$\left(700-\frac{x}{3}\right)$奴隶主的继承人所获得的遗产，由此得到方程$700-\frac{x}{3}=2x\longrightarrow 350-\frac{x}{6}=x\longrightarrow 350=x+\frac{x}{6}\longrightarrow x=\frac{6}{7}\times 350=300$。随后花拉子密仿照上题的思路验证了运算的正确性。

② 本题中奴隶的赎金为$(300-x)$，将其从奴隶的财产中减去，剩余$300-(300-x)=x$，其中的一半，即$\frac{x}{2}$，归奴隶主所有。奴隶的女儿去世时留下的财产为$\left(300+\frac{x}{2}\right)$，其中的一半，即$\left(150+\frac{x}{4}\right)$，归奴隶的女儿的丈夫所有，另一半归奴隶主所有。因此奴隶主去世时的遗产为$(300-x)+\frac{x}{2}+\frac{1}{2}\left(300+\frac{x}{2}\right)=450-\frac{x}{4}$。由此得到方程$450-\frac{x}{4}=2x\longrightarrow 225-\frac{x}{8}=x\longrightarrow 225=x+\frac{x}{8}\longrightarrow x=\frac{8}{9}\times 225=200$。

三分之一的物。因此要返还奴隶主六十六又三分之二加三分之一的物，奴隶的女儿继承相等的量。将其加上奴隶的女儿去世时留下的财产，即三百，结果为三百六十六又三分之二加三分之一的物。由于奴隶的女儿将自身遗产的三分之一进行遗赠，即一百二十二又九分之二加九分之一的物，则剩余二百四十四又九分之四加九分之二的物。奴隶女儿遗产的三分之一归其母亲所有，即八十一又九分之四加上九分之一的三分之一加九分之一的物的三分之二，剩余的要返还奴隶主，即一百六十二又九分之八加上九分之一的三分之二加九分之一的物加九分之一的物的三分之一。由于世袭的原因，这是奴隶主的财产，将其加上奴隶的赎金，即三百减去物，再加上奴隶主从奴隶那里得到的遗产，即六十六又三分之二加三分之一的物。因此奴隶主的继承人得到的总遗产为五百二十九加一所分二十七份中的十七份，减去九分之四的物加九分之一物的三分之二，它等于遗赠的二倍，其中遗赠为物。它的一半为二百六十四加一所分二十七份中的二十二份，减去一倍物所分二十七份中的七份。通过这七份将其还原，即将其加上一倍的物，得到二百六十四加一所分二十七份中的二十二份等于一倍的物加一倍物所分二十七份中的七份。将其缩为一倍的物，即减去各自所分三十四份中的七份，得到一倍的物等于二百一十加一所分十七份中的五份，此即为遗赠的值。①

问题：奴隶主在病中释放了一个价值一百的男奴隶，并将一个价值五百的女奴馈赠给某人。女奴的彩礼为一百，且受赠者与女奴同居。②

---

① 本题中奴隶去世时留下的财产为 500，他的赎金为$(300-x)$，则遗产剩余$(200+x)$。他将遗产的$\frac{1}{3}$遗赠给某人，即$\left(66+\frac{2}{3}+\frac{1}{3}x\right)$。奴隶的女儿和奴隶主各继承剩余的$\frac{1}{3}$，因此奴隶的女儿去世时的遗产为$\left(366+\frac{2}{3}+\frac{1}{3}x\right)$，她将遗产的$\frac{1}{3}$遗赠，即$\left(122+\frac{2}{9}+\frac{1}{9}x\right)$，剩余$\left(244+\frac{4}{9}+\frac{2}{9}x\right)$。其母亲继承其中的$\frac{1}{3}$，即$\left(81+\frac{4}{9}+\frac{1}{27}+\frac{2}{27}x\right)$；奴隶主得到剩余的$\frac{2}{3}$，即$\left(162+\frac{8}{9}+\frac{2}{27}+\frac{4}{27}x\right)$，此时奴隶主的遗产总额为$(300-x)+\left(66+\frac{2}{3}+\frac{1}{3}x\right)+\left(162+\frac{8}{9}+\frac{2}{27}+\frac{4}{27}x\right)=529+\frac{17}{27}-\frac{14}{27}x$，它等于遗赠的二倍，得方程

$$529+\frac{17}{27}-\frac{14}{27}x=2x\longrightarrow 264+\frac{22}{27}=x+\frac{7}{27}x\longrightarrow\left(x+\frac{7}{27}x\right)\cdot\left(1-\frac{7}{34}\right)=\left(264+\frac{22}{27}\right)\cdot\left(1-\frac{7}{34}\right)\longrightarrow$$

$$x=210+\frac{5}{17}。$$

② 此处“馈赠”的意思是将这个女奴以一个低于其价值的价格卖给某人，彩礼按照相同的比例减少。

阿布·哈尼法（Abū Ḥanīfa）说过：释放具有优先权，应首先处理。

解题过程：女奴的价值为五百，如前所述，奴隶的价值为一百，设奴隶主给女奴的遗赠为物。奴隶主首先释放了一个价值一百的奴隶，且将一倍的物送给受赠者，将彩礼降至一百减去五分之一的物，因此奴隶主的继承者得到六百减去一倍的物加五分之一的物，等于一百加上一倍的物之和的二倍。它的一半等于两份遗赠之和，即三百减去五分之三的物。通过五分之三的物将三百还原，将其加上与之相同（类型的量），即加上一倍的物，结果为三百等于一倍的物加上五分之三的物加上一百。为了将一百（消去），从三百中减去一百，剩余二百等于一倍的物加五分之三的物。将其化简，得物等于其八分之五，取二百的八分之五，得到一百二十五，此为物的值，即给女奴的遗赠。[①]

问题：如果奴隶主释放了一个价值一百的奴隶，并将一个价值五百的女奴馈赠给某人，彩礼为一百，受赠者与女奴同居。此外，奴隶主将其财产的三分之一遗赠给（另一个）人。阿布·哈尼法说过，馈赠者（的遗赠）不能超过其总遗产的三分之一，且这三分之一将要在他们两人[②]间平分。

解题过程：设女奴的价值为五百，遗赠为物，则（奴隶主的）继承者手中有五百减去物。女奴的彩礼为一百减去五分之一的物，则此时他们的手中有六百减去一倍的物加五分之一的物。但是奴隶主将自己遗产的三分之一遗赠给另一个人，其等于奴隶主对女奴的遗赠，即物。此时继承人手中有六百减去二倍的物加五分之一的物，它等于他们遗赠总和的二倍，即奴隶的价值加上二倍的物（之和的二倍），其中二倍的物为两份遗赠。它的一半等于遗赠总和，即三百减去一倍的物加十分之一的物。通过一倍的物加十分之一的物将其还原，结果为

---

① 本题中女奴的价值为 500，她的赎金为 $500-x$。同前面的题目，奴隶主给女奴的遗赠为 x。男奴隶的价值为 100，他已经被释放，此种情况下，他的价值与他获得的遗赠相同，均为 100。此时两份遗赠之和为 $(100+x)$。本题中女奴的价值为 500，彩礼为 100。故女奴被赠给受赠者的价钱为 $500-x$，受赠者给主人的彩礼为 $\frac{1}{5}(500-x)=100-\frac{1}{5}x$。此时主人的继承者得到的总遗产为 $(500-x)+\left(100-\frac{1}{5}x\right)=600-\left(x+\frac{1}{5}x\right)$。由此得到方程 $600-\left(x+\frac{1}{5}x\right)=2(100+x)\longrightarrow 300-\frac{3}{5}x=100+x\longrightarrow 300=x+\frac{3}{5}x+100\longrightarrow x+\frac{3}{5}x=200\longrightarrow x=\frac{5}{8}\times 200=125$。

② 此处指的是两个受赠人。

三百等于三倍的物加十分之一的物加一百。为了（消去）一百，减去一百，剩余二百等于三倍的物加十分之一的物。将其化简得到物等于两百所分三十一份中的十份，遗赠就是按照这个比例在两百中支出，得到六十四加一所分三十一份中的十六份。①

问题：奴隶主释放了一个价值一百的奴隶，将一个价值五百的女奴馈赠给某人，受赠者与女奴同居，其彩礼为一百，奴隶主将其财产的四分之一遗赠给某人。阿布·哈尼法说过，馈赠者（的遗赠）不能超过其遗产的三分之一。

解题过程：奴隶主给女奴的遗赠为物，剩余五百减去物。他们取走彩礼，即一百减去五分之一的物，因此继承人手中有六百减去一倍的物加五分之一的物。再从中取出被赠予四分之一财产的受赠人的遗赠，即四分之三的物，这是由于，如果将（总遗产的）三分之一视为一倍的物，则（总遗产的）四分之一为其四分之三。剩余六百减去物加一倍物所分四十份中的三十八份，它等于总遗赠的二倍，则它的一半等于总遗赠，即三百减去一倍的物所分四十份中的三十九份，通过这些份数将其还原，结果得到三百等于一百加二倍的物加一倍物所分四十份中的二十九份。为了消去一百，从其中减去一百，剩余二百等于二倍的物加一倍的物所分四十份中的二十九份。将其化简得到物等于七十三加一所分一百零九份中的四十三份。②

归还彩礼章

问题：奴隶主在病中将他的一个女奴馈赠给某人，除此之外奴隶主没有其他

① 同上题，本题中男奴隶的价值为 100，他的遗赠也为 100。另两份遗赠均为 x，此时遗赠总和为（$100+x+x$）。因此得到方程 $(500-x)+\left(100-\frac{x}{5}\right)-x=2(100+2x)\longrightarrow 300-\left(x+\frac{x}{10}\right)=100+2x\longrightarrow 300=3x+\frac{x}{10}+100\longrightarrow 200=3x+\frac{x}{10}\longrightarrow x=\frac{10}{31}\times 200=64+\frac{16}{31}$。

② 本题中奴隶主给女奴的遗赠为 x，则第二份遗赠为 $\frac{3}{4}x$。得方程 $(500-x)+\left(100-\frac{x}{5}\right)-\frac{3}{4}x=2\left(100+x+\frac{3}{4}x\right)\longrightarrow 300-\frac{39}{40}x=100+x+\frac{3}{4}x\longrightarrow 300=100+2x+\frac{29}{40}x\longrightarrow 200=2x+\frac{29}{40}x\longrightarrow x=73+\frac{43}{109}$。

财产。随后奴隶主去世，女奴的价值为三百，彩礼为一百，且受赠者与她同居。

解题过程：设受赠者得到的遗赠为物，从馈赠[①]中将其减去，剩余三百减去一倍的物。这个差值的三分之一要作为彩礼返还给奴隶主的继承人，由于彩礼为女奴价值的三分之一，故为一百减去三分之一的物。奴隶主的继承人手中有四百减去一倍的物加三分之一的物，它等于遗赠的二倍，其中遗赠为物，即二倍的物。通过一倍的物加三分之一的物将其还原，即将其加二倍的物，结果为四百等于三倍的物加三分之一的物。一倍的物等于其十分之三，即一百二十，此即为遗赠的值。[②]

问题：若奴隶主在病中将他的一个价值三百的女奴馈赠给某人，女奴的彩礼为一百，奴隶主与她同居且随后去世。

解题过程：设奴隶主给受赠者的遗赠为物，将其减去后剩余三百减去一倍的物。由于奴隶主与她同居，则他返还部分彩礼，其数额为遗赠的三分之一。由于彩礼为女奴价值的三分之一，故（返还的）彩礼为三分之一的物。奴隶主继承人手中有三百减去一倍的物加三分之一的物，它等于遗赠的二倍，其中遗赠为物，即二倍的物。通过一倍的物加三分之一的物将其还原，即将其加二倍的物，结果为三百等于三倍的物加三分之一的物，物为其十分之三，即九十，此即为遗赠的值。[③]

如果问题中剩余的条件相同，但女奴与奴隶主和受赠者均同居过。

解题过程：设遗赠为物，差值为三百减去物。奴隶主必须给受赠者三分之一的遗赠为（返还的）彩礼，这是由于他与其同居。受赠者必须给奴隶主上述差值[④]的三分之一作为彩礼，即一百减去三分之一的物。因此在奴隶主继承人手中有四百减去一倍的物加三分之二的物，它等于遗赠的二倍。通过一倍的物加三分之二的物将四百还原，即将其加上二倍的物。结果为四百等于三倍的物加三分之二的物，物等于四百所分十一份中的三份，即一百零九加上一所分十一份中

---

① 此处指女奴的价值。

② 设奴隶主给女奴的遗赠为 x，她的价值为 300，彩礼为 100。主人的继承人得到 $(300-x)+\left(100-\frac{x}{3}\right)$，它等于遗赠的二倍，由此得到方程 $400-\left(x+\frac{x}{3}\right)=2x \longrightarrow 400=3x+\frac{x}{3} \longrightarrow x=\frac{3}{10}\times 400=120$。

③ 本题中女奴的受赠者要付出（$300-x$），但是由于奴隶主与她同居，故需要返还部分彩礼，其大小等于遗赠的 $\frac{1}{3}$。设遗赠为 x，得到方程 $300-x-\frac{x}{3}=2x \longrightarrow x=90$。

④ 此处“差值”的字面含义为“减法”。

的一份，此为遗赠。这个差值为一百九十加一所分十一份中的十份。①

阿布・哈尼法说过，设遗赠为物，他②所承担（返还的部分）彩礼同样为遗赠。

若问题的剩余条件相同，但奴隶主与她同居且将他遗产的三分之一进行遗赠，根据阿布・哈尼法的规定，这三分之一将要在他们两人之间平分。③

解题过程：设奴隶主给女奴的遗赠为物，则剩余三百减去物。随后要返还（部分）彩礼，为三分之一的物。因此奴隶主剩余三百减去一倍的物加三分之一的物。根据阿布・哈尼法的规定，他的遗赠为一倍的物加三分之一的物。根据另一个人的规定④，遗赠为一倍的物。得到奴隶主遗产三分之一的受赠者得到的遗赠与第一份遗赠相同，即一倍的物加三分之一的物，此时奴隶主的继承人手中有三百减去二倍的物加三分之二的物，它等于两份遗赠之和的二倍，其中（两份遗赠之和为）二倍的物加三分之二的物。它的一半等于两份遗赠，即一百五十减去物加三分之一的物。通过一倍的物加三分之一的物将其还原，即将其加上两份遗赠，结果得到一百五十等于四倍的物。一倍的物等于其四分之一，即三十七加二分之一。⑤

问题：若有人说女奴与受赠者和奴隶主均同居，且后者将其财产的三分之

---

① 由于女奴与奴隶主和受赠者均同居，因此后者需要给前者（$300-x$）的赎金和$\left(100-\dfrac{x}{3}\right)$的彩礼。但是奴隶主需要给受赠者$\dfrac{x}{3}$作为返还的部分彩礼，其中遗赠的大小为 x。由此得到方程$(300-x)+\left(100-\dfrac{x}{3}\right)-\dfrac{x}{3}=2x\longrightarrow x=109+\dfrac{1}{11}$，$300-x=190+\dfrac{10}{11}$。

② 此处指与女奴同居的奴隶主。

③ 此处的两人指的是女奴的受赠者和奴隶主遗产三分之一的受赠者。

④ 根据上下文，此处的另一个人可能是阿布・尤素福（AbūYūsuf）。他与阿布・哈尼法均为伊斯兰继承法的创立者。本题中的运算是根据阿布・哈尼法的规定进行运算，即女奴的受赠者得到的遗赠为$\left(x+\dfrac{x}{3}\right)$，故另一个受赠人得到同样的遗赠。

⑤ 由于奴隶主与女奴同居，则女奴的受赠者给奴隶主的赎金为$\left(300-x-\dfrac{x}{3}\right)$，其中遗赠为$\left(x+\dfrac{x}{3}\right)$。另一个得到奴隶主总遗产$\dfrac{1}{3}$的受赠者得到相同的遗赠，此时奴隶主的继承人手中有$\left(300-2x-\dfrac{2}{3}x\right)$，它等于两份遗赠之和的二倍，由此得到方程$300-2x-\dfrac{2}{3}x=2\left(2x+\dfrac{2}{3}x\right)\longrightarrow 150-x-\dfrac{x}{3}=2x+\dfrac{2}{3}x\longrightarrow 150=4x\longrightarrow x=\dfrac{1}{4}\times 150=37+\dfrac{1}{2}$。

一进行遗赠。

解题过程：此时根据阿布·哈尼法的规定，设遗赠为一倍的物，则剩余三百减去一倍的物，彩礼为一百减去三分之一的物。他（奴隶主）手中有四百减去一倍的物加三分之一的物。他（奴隶主）要返还（部分）彩礼，即三分之一的物，他还要给另一个受赠者（总遗产的）三分之一，等于第一份遗赠，即一倍的物加上三分之一的物，此时剩余四百减去三倍的物等于（总）遗赠的二倍，（总遗赠）等于二倍的物加三分之二的物。通过三倍的物将其还原，结果得到四百等于八倍的物加三分之一的物，将其化简后得到一倍的物等于四十八。[①]

问题：若有人说奴隶主在病危中将他的一个价值三百的女奴馈赠给某人，女奴的彩礼为一百，受赠者与女奴同居。随后受赠者生病，并将这个女奴返还给奴隶主，且奴隶主与女奴同居，问奴隶主应由女奴获得多少钱？损失多少钱？

解题过程：设女奴的价值为三百，遗赠为一倍的物，则奴隶主的继承人手中有三百减去一倍的物，同时受赠者手中有一倍的物。受赠者遗赠给奴隶主部分物，则他手中有一倍的物减去部分物。受赠者须给奴隶主一百减去三分之一的物（作为女奴的彩礼），奴隶主须返还的彩礼为三分之一的物减去三分之一的部分物。因此在受赠者手中有一倍的物加三分之二的物，减去一百，减去一倍的部分物加三分之一的部分物，等于二倍的部分物，则它的一半等于一倍的部分物，即六分之五的物减去五十减去三分之二的部分物。通过三分之二的部分物加五十将其还原，结果为六分之五的物等于一倍的部分物加三分之二的部分物加五十。将其缩为一倍的部分物，取其五分之三，结果为一倍的部分物加三十等于二分之一的物。结果得到二分之一的物减去三十等于一倍的部分物，此即为受赠者给奴隶主的遗赠，记住它。

此时回到奴隶主的手中，他有三百减一倍的物。由于他得到了部分的物，即

---

① 女奴的受赠者需要支出 $(300-x)+\left(100-\frac{x}{3}\right)$。由于奴隶主与女奴同居，他要返还 $\frac{x}{3}$ 的彩礼。此外另一份遗赠也为 $\left(x+\frac{x}{3}\right)$，则奴隶主的继承人得到 $\left(400-x-\frac{3}{x}\right)-\frac{x}{3}-\left(x+\frac{x}{3}\right)=400-3x$。由此得到方程 $400-3x=2\left(2x+\frac{2}{3}x\right)\longrightarrow 400=8x+\frac{1}{3}x\longrightarrow x=48$。

二分之一的物减去三十。因此他手中剩余二百七十减去二分之一的物。由于他得到了彩礼，即一百减去三分之一的物，且他返还了部分彩礼，即在一倍的物中取出部分物后剩余部分的三分之一，即六分之一的物加十。因此在他手中有三百六十减去一倍的物，它等于物加上他返还彩礼之和的二倍。它的一半等于一百八十减去二分之一的物，等于一倍的物加上（返还的）彩礼。通过二分之一的物将其还原，即将其加上一倍的物再加上（返还的）彩礼，结果为一百八十等于一倍的物加二分之一的物加上（返还的）彩礼，即六分之一的物加十。将十与十对消，剩余一百七十等于一倍的物加三分之二的物。将其缩为一倍的物，为了得到物，取其五分之三，结果为一百零二等于一倍的物，此即为奴隶主给受赠者遗赠的值。

至于受赠者给奴隶主的遗赠，它等于其二分之一减去三十，即二十一。[①]

病中提前购物章

问题：一个男人在病中为了购买一个价值为十的食物容器提前支付了三十。随后，这个男人去世了。此时他（即受赠人）将这个容器及十返还给了男人的继承人。

解题过程：受赠人要返还这个价值为十的容器，因此男人（即逝者）少收了受赠人二十。设这个善举中的遗赠为物，则继承人手中有二十减一倍的物。若将其加这个容器（的价值），它们的和为三十减去一倍的物，它等于二倍的

① 设 A 为奴隶主，B 为受赠者。A 在将价值 300 的女奴馈赠给 B 时，遗赠为 x。她的彩礼为 100，因此 B 要给 A 的财产为 $(300-x)+\left(100-\frac{x}{3}\right)$，这也是此时 A 手中的财产数，B 手中有 $x-\left(100-\frac{x}{3}\right)$。$B$ 生病后将女奴返还给 A，此时 B 给 A 的遗赠为在题中表述为“部分物”，此处设为 y。由于 A 后来与女奴同居，则 A 需要返还给 B 部分彩礼，等于 $\frac{1}{3}(x-y)$。得到第一个方程 $x-y-100+\frac{x}{3}+\frac{1}{3}(x-y)=2y \longrightarrow y=\frac{x}{2}-30$。此时返回到 A 的继承人手中的财产总数为 $300-x+y+\left(100-\frac{x}{3}\right)-\frac{1}{3}(x-y)=360-x$，得到第二个方程 $360-x=2\left[x+\frac{1}{3}(x-y)\right]=2\left(\frac{7}{6}x+10\right) \longrightarrow x=102$，$y=21$。

物，即二倍的遗赠。通过物将三十还原，即将其加上二倍的物，结果为三十等于三倍的物，物为其三分之一，即十，这就是此善举中获得的（遗赠大小）。[①]

问题：某人在病中为了购买一个价值五十的容器，事先向另一个人支付了二十，在病中他取消了这次交易且随后去世，此时另一个人需要返还这个容器（价值的）九分之四和十一又九分之一。

解题过程：已经知道容器的价值为某人事先支付给另一个人钱数的二又二分之一倍，所以如果他在此善举中的遗赠为物，（他在病中取消交易且随后去世）则在容器（的总价值）中受赠者需要返还其（遗赠）二又二分之一倍。受赠者从容器（的总价值）中需要返还二又二分之一倍的物，将其加上二十中剩余的部分，即二十减去一倍的物。此时逝者的继承人手中有二十加一又二分之一倍的物，它的一半等于容器价值的三分之一，即十六加三分之二。将十与十对消，剩余六加三分之二等于四分之三的物。将物补全，即将其加上它的三分之一，同时将六加上三分之二之和也加上它（的三分之一），即二加九分之二。由此得到八加九分之八，等于一倍的物。此时观察八加九分之八占那笔钱，即二十的多少？你发现它为其九分之四。因此需要返还容器（价值）的九分之四，同时返还二十的九分之五，其中容器价值的九分之四为二十二加九分之二，二十的九分之五为十一加九分之一。所以在继承人手中有三十三加三分之一，即五十的三分之二。[②]

---

① 病人 A 为了购买一个价值 10 的食物容器向 B 提前支付了 30，随后 A 由于疾病去世。B 返还了容器，还剩余 20。若 B 将它们返还给 A 的继承人，则他们欠 B 一倍的物，即遗赠 x，则得到方程 $10+20-x=2x\longrightarrow x=10$。

② A 在病中向 B 购买了一个价值 50 的容器，且 A 事先向 B 支付了 20。后来 A 取消了这次交易，随后去世，则 B 需向 A 的继承人返还容器（价值）的 $\frac{4}{9}$，再加上事先收取 20 的 $\frac{5}{9}$，二者之和为 50 的 $\frac{2}{3}$。设 A 事先向 B 支付的 20 中的遗赠为 x，则 B 需要返还给 A 的继承人的遗赠为 $\left(2x+\frac{x}{2}\right)$，此时继承人手中有 $20-x+\left(2x+\frac{x}{2}\right)=20+x+\frac{x}{2}$，它的一半为容器价值的 $\frac{1}{3}$，由此得到方程 $10+\frac{3}{4}x=\frac{1}{3}\times 50\longrightarrow x=8+\frac{8}{9}$。由此得到 $\frac{x}{20}=\frac{4}{9}$，且 $20-x=20\times\frac{5}{9}=11+\frac{1}{9}, 2x+\frac{x}{2}=50\times\frac{4}{9}=22+\frac{2}{9}$。此二者之和为 $\left(33+\frac{1}{3}\right)$，即 50 的 $\frac{2}{3}$，此即为 B 需要向 A 的继承人返还的财产数，它超过了 B 事先收取 A 的 20。

参 考 文 献

[1] Rosen F. The Algebra of Muhammed ben Musa[M]. London：Oriental Translation Fund，1831：16.

[2] 李文林. 丝路精神　光耀千秋——《丝绸之路数学名著译丛》导言//阿尔·花拉子米. 算法与代数学[M]. 依里哈木·玉素甫，武修文，编译. 北京：科学出版社，2008：iii.

[3] 李文林. 丝路精神　光耀千秋——《丝绸之路数学名著译丛》导言//阿尔·花拉子米. 算法与代数学[M]. 依里哈木·玉素甫，武修文，编译. 北京：科学出版社，2008：iv.

[4] 阿尔·花拉子米. 算法与代数学[M]. 依里哈木·玉素甫，武修文，编译. 北京：科学出版社，2008：12-13.

[5] 阿尔·花拉子米. 算法与代数学[M]. 依里哈木·玉素甫，武修文，编译. 北京：科学出版社，2008：33-116.

[6] 郭园园. 花剌子米《代数学》的比较研究[D]. 天津：天津师范大学硕士学位论文，2009：110-111.

[7] Berggren L J. Mathematics in Medieval Islam// Katz V J. The Mathematics of Egypt，Mesopotamia，China，India，and Islam：A Sourcebook[M]. 2th ed. New Jersey：Princeton University，2007：515.

[8] 鲁宾逊. 剑桥插图伊斯兰世界史[M]. 安维华，钱雪梅，译. 北京：世界知识出版社，2005：299-302.

[9] 古兰经[M]. 马坚，译. 北京：中国社会科学出版社，2003：67.

[10] 古兰经[M]. 马坚，译. 北京：中国社会科学出版社，2003：161.

[11] 顾世群. 中世纪的伊斯兰教与科学[J]. 自然辩证法研究. 2008，24（10）：77-79.

[12] 杜瑞芝. 关于花剌子米算术著作的注记[J]. 广西民族大学学报（自然科学版），2005，11（4）：51-54.

[13] 赵栓林. 对《代数学》和《代数术》术语翻译的研究[D]. 呼和浩特：内蒙古师范大学硕士学位论文，2006：11.

[14] Eves H W. An Introduction to the History of Mathematics[M]. 5th ed. New York：CBS College Publishing，1983：190.

[15] 卡尔 • B. 鲍耶，尤塔 • C. 梅兹巴赫. 数学史（上册）[M]. 姜传安，译. 北京：中央编译出版社，2012：129.

[16] 高宪林. 中世纪阿拉伯大数学家阿尔 • 花拉子模[C]. //吴文俊. 中国数学史论文集. 济南：山东教育出版社，1985：145-151.

[17] Al-Khwārizmī. The Beginnings of Algebra[M]. Roshdi Rashed. London：Saqi Books，2009：11-16，95，97，101，107，197，205，221，227，229.

[18] 梁宗巨. 世界数学通史[M]. 沈阳：辽宁教育出版社，1996：501-503.

[19] Katz V J. 数学史通论[M]. 2 版. 李文林，等译. 北京：高等教育出版社，2004：196.

[20] 李文林. 数学史概论[M]. 2 版. 北京：高等教育出版社，2000：16，24.

[21] Katz V J. 数学史通论[M]. 2 版. 李文林，等译. 北京：高等教育出版社，2004：2.

[22] Katz V J. 数学史通论[M]. 2 版. 李文林，等译. 北京：高等教育出版社，2004：30.

[23] Katz V J. 数学史通论[M]. 2 版. 李文林，等译. 北京：高等教育出版社，2004：29.

[24] 李文林. 数学史概论[M]. 2 版. 北京：高等教育出版社，2000：31.

[25] Katz V J. 数学史通论[M]. 2 版. 李文林，等译. 北京：高等教育出版社，2004：195.

[26] Euclid. The Thirteen Books of the Elements[M]. New York: Dover Publications Inc，1956：215，216，382，385.

[27] Eves H W. An Introduction to the History of Mathematics[M]. 5th ed. New York：CBS College Publishing，1983：59.

[28] 杨宝山. 丢番图《算术》研究[D]. 西安：西北大学博士学位论文，2004：10.

[29] 杨宝山. 丢番图《算术》研究[D]. 西安：西北大学博士学位论文，2004：14-16.

[30] 外国数学简史编写组. 外国数学简史[M]. 济南：山东教育出版社，1987：233-240.

[31] 刘琳，杜瑞芝. 花剌子米《代数学》探源[J]. 广西民族学院学报（自然科学版），2006，12（2）：53-59.

[32] 梁宗巨. 世界数学通史[M]. 沈阳. 辽宁教育出版社，1996：576.

[33] Sen S N，Bag A K. The ŚulbaSūtras[M]. New Delhi：Indian National Science Academy，1983：270-271.

[34] Singh A N. History of Hindu Mathematics[M]. Indian：C. P. Gautam，2001：60.

[35] Singh A N. History of Hindu Mathematics[M]. Indian：C. P. Gautam，2001：61.

[36] Singh A N. History of Hindu Mathematics[M]. Indian：C. P. Gautam，2001：62.

[37] Singh A N. History of Hindu Mathematics[M]. Indian：C. P. Gautam，2001：67.

[38] Singh A N. History of Hindu Mathematics[M]. Indian：C. P. Gautam，2001：67-68.

[39] 李文林. 数学史概论[M]. 2 版. 北京：高等教育出版社，2000：111.

[40] Singh A N. History of Hindu Mathematics[M]. Indian：C. P. Gautam，2001：140.
[41] 梁宗巨. 世界数学通史[M]. 沈阳：辽宁教育出版社，1996：637.
[42] Eves H W. An Introduction to the History of Mathematics[M]. 5th ed. New York：CBS College publishing，1983：181.
[43] 梁宗巨. 世界数学通史[M]. 沈阳：辽宁教育出版社，1996：643.
[44] Sen S N，Bag A K. The ŚulbaSūtras[M]. New Delhi：Indian National Science Academy，1983：155-159.
[45] HaYashi T，Kusuba T，Yano M. Indian Values for π Derived from Aryabhata's Value[J]. Historia Scientiarum：International Journal of the History of Science Society of Japan，1989，37：1-16.
[46] 梁宗巨. 世界数学通史[M]. 沈阳：辽宁教育出版社，1996：587.
[47] 郭书春. 九章算术译注[M]. 上海：上海古籍出版社，2009：133，398.
[48] 郭书春. 九章算术译注[M]. 上海：上海古籍出版社，2009：132.
[49] 郭书春. 中国古代数学[M]. 济南：山东教育出版社，1991：98-101.
[50] 郭书春. 九章算术译注[M]. 上海：上海古籍出版社，2009：408.
[51] 包芳勋. 阿拉伯代数学若干问题的比较研究[D]. 西安：西北大学博士学位论文，1997：59.
[52] 沈康生. 九章算术导读[M]. 武汉：湖北教育出版社，1997：112.
[53] 梁宗巨. 用三角形三边表示面积公式的历史[J]. 辽宁师范大学学报，1986（增刊）：13-15.
[54] 郭书春. 九章算术译注[M]. 上海：上海古籍出版社，2009：75.
[55] 沈康生. 九章算术导读[M]. 武汉：湖北教育出版社，1997：182-184.
[56] Rashed R. The Development of Arabic Mathematics：Between Arithmetic and Algebra [M]. Translated by Armstrong A F. New York：Springer，1944：63.
[57] Jacques Sesiano. Books Ⅳ to Ⅶ of Diophantus' Arithmetica in the Arabic translation attributed to Quatā ibn Lūqā[M]. New York：Springer，1982：283-284.
[58] Ahmd S，Rashed R. Al-Bahir en Algebra[M]. Damascus：University Press of Damascus，1972：12，42.
[59] Levey M. The Algebra of Abu Kamil[M]. Madison：The University of Wisconsin Press，1966：144：156.
[60] 郭园园. 萨拉夫·丁·图西三次方程数值解研究[J]. 自然科学史研究，2015，34（2）：142-163.
[61] Rosenfeld B，Hogendijk J P. A Mathematical Treatise Written in the Samarqand Observatory of Ulugh Beg [J]. Zeitschrift für Geschichte der Arabisch- Islamischen Wissenschaften 15，2002/2003：25-65.

[62] 郭园园. 阿尔・卡西代数学研究[M]. 上海：上海交通大学出版社，2017：14-15.

[63] Jamshīd al-Kāshī. Miftah al-Hisab（Key to Arithmetic）[M]. al-Demerdash，A S al-Cheikh M H（eds）. Cairo：Dār al-kātib al-ʿarabī，1967：194.

[64] 马丁玲. 斐波那契《计算之书》研究[D]. 上海：上海交通大学博士学位论文，2008：147.

[65] 马丁玲. 斐波那契《计算之书》研究[D]. 上海：上海交通大学博士学位论文，2008：156.

[66] 斐波那契. 计算之书[M]. 纪志刚，等译. 北京：科学出版社，2008：xxii.

[67] Katz V J. 数学史通论[M]. 2版. 李文林，等译. 北京：高等教育出版社，2004：244.

[68] Rose P L. The Italian Renaissance of Mathematics：Studies on Humanists and Mathematicians from Petrarch to Galileo[M]. Geneve：Droz，1975：82.

[69] Girolamo Cardano，translated and edited by T. Richard Witmer. ARS MAGNA or The Rules of Algebra [M]. New York：Dover Publications，INC. 1993：96.

[70] 钱宝琮. 中国数学史[M]. 北京：科学出版社，1964：217-244.

[71] 李约瑟. 中国科学技术史（第一卷）[M]. 北京：科学出版社，1975：477-493.

[72] 郭世荣. “吴文俊数学与天文丝路基金”与数学史研究[J]. 广西民族学院学报，2004，10（4）：6-11.

人名索引

A

阿波罗尼乌斯（Apollonius of Perga，约公元前262～前190年） 3

阿布·卡米尔（Abū Kāmil，约850～约930年） 17

阿布·瓦法（Muhammad Abū al-Wafā，940～997年） 38

阿尔·卡西（Ghiyāth al-Dīn Jamshīd Mas'ūd al-Kāshī，约1380～1429年） ii，70，71，73，185

阿基米德（Archimedes，公元前287～前212年） v，3，34

阿耶波多（Āryabhata，476～约550年） 43，44，49，57，58，62

奥马尔·海亚姆（Omar Khayyam，1048～1131年） 69

B

巴格达第（Abd al-Qāhir al-Baghdādī，卒于1037年） 11，12

邦贝利（Rafeal Bombelli，1526～1573年） 80

邦孔帕尼（Baldassarre Boncompagni，1821～1894年） 11，15，16

比鲁尼（al-Bīrūnī，973～1048年） 10

D

丢番图（Diophantus，约 246～330 年） x，3，14，25，30，34，35，36，37，38，39，64，65

F

斐波那契（Leonardo Pisano，Fibonacci，Leonardo Bigollo，约 1170～约 1250 年） xi，65，75，76，77，78，79
费拉里（L. Ferrari，1522～1565 年） 80

G

盖拉尔多（Gherardo of Cremona，1114～1187 年） 11，14，16，17
古斯塔・伊本・鲁伽（Qusta Ibn Lūqā，820～912 年） 38，64

H

哈吉・卡里发（Hājjī Khalīfa，1609～1657 年） 73
哈里发哈伦・拉希德（Caliphal Harun al-Rashid，786～809 年在位） 3
哈里发马蒙（Caliphal Al-Māmūn，813～833 年在位） 3，7，9，10，17，26
哈里发曼苏尔（Caliphal Mansūr，754～775 年在位） 3，39
哈里发瓦希克（Caliphal Al-Wāthiq，842～847 年在位） 10

K

卡尔达诺（Cardano Girolamo，1501～1576 年） 79，80
卡拉萨蒂（Al-Qalasadi，1412～1486 年） 76
凯拉吉（Abu Bakr al-Karajī，公元 953～1029 年） 38，65，66，67，76

L

勒基（P. Luckey，1884～1949 年） v
罗森（Friedrich August Rosen，1805～1837 年） iii，v，11，16

M

马哈维拉（Mahāvīra，9 世纪） 44，45
穆罕默德・伊本・穆萨・花拉子密（Muhammad ibn Mūsā al-Khowārizmī，7 世纪末～8 世纪中） 9，84

N

纳西尔・丁・图西（Nasir al-Dīn al-Tūsī，1201～1274 年） 71

O

欧几里得（Euclid，约公元前 330～前 275 年） v，x，3，10，25，26，30，32，34，35，62，66，77

P

皮蒂斯克斯（B. Pitiscus，1561～1613 年） 73
婆罗摩笈多（Brahmagupta，约 598～约 665 年） 39，44，46

S

萨拉夫·丁·图西（Sharaf al-Dīn al-Tūsī，约 1135～1213 年） 184
萨马瓦尔（Ibn Yahya al-Samawal，1125～1174 年） 11，38，66，67，73

T

泰勒斯（Thales，公元前 624～前 547 年） 30
帖木儿（Timur，1336～1405 年） 2，71
托勒密（Ptolemy，约 90～168 年） 3，10，78

W

伟烈亚力（Alexander Wylie，1815～1887 年） 14
韦普克（Franz Woepcke，1826～1864 年） v，38，188
乌格里迪西（al-Uqlīdisī，10 世纪中叶） 11

Y

伊本·班纳（Ibn al-Bannā，1256～1321 年） 74
尤什克维奇（Adolf P. Youshkevitch，1906～1993 年） v

Z

祖冲之（429～500 年） 57

后　记

13 世纪下半叶是欧洲对伊斯兰科学著作翻译和吸收的最活跃时期。但是由于宗教因素的作用，这些著作受到西方权贵势力的敌视和粗暴拒绝。尽管受到一些阻碍，伊斯兰科学还是深深地影响了 16 世纪以来欧洲科学史的精神和表现形式。科学史家于 18 世纪首次引入一种总体史的观点，其对文艺复兴的表达很自然地从定义上否定了伊斯兰科学在人类思想史上的创造性作用，而粗暴的科学史分期则认为文艺复兴时期是古希腊时期的直接延续，伊斯兰文化最多只是通过保存和翻译某些古希腊文本从而扮演着传递员的角色。这种盛行的观点忽略了科学史上约 800 年的创造性时期。遗憾的是，这也决定性地影响了今天的教科书和现代人对于科学史的基本观念。这不仅影响了今天的西方世界，同样也影响了亚洲甚至阿拉伯-伊斯兰世界。因为这些地区的教科书相关内容大多是根据欧美模式编定的。

19 世纪欧洲浪漫主义运动时期，同样盛行着这种对于文艺复兴时期有所偏倚且否定中世纪伊斯兰科学成就的观点，但还是先后涌现出让·雅克·舍迪劳特（Jean Jacques Sédillot，1777～1832）、路易斯·埃米利·舍迪劳特（Louis Amelie Sédillot，1808～1875）、约瑟夫·杜桑·雷诺（Joseph Toussaint Reinaud，1795～1867）、韦普克（Franz Woepcke，1826～1864）、艾尔哈德·魏德曼（Eilhard Wiedemann，1852～1928）等一批重要学者。他们翻译整理了许多重要的伊斯兰科学文献。直至今天，这些著作仍然是并将继续成为伊斯兰科学史研究的基石。其中，雷诺在伊斯兰地理学、考古学和军事技术历史等几个领域颇有建树。他曾对科学史中统一性的概念给出如下意味深长的表述：在人类科学的所有发现中，它都是在前进的，是一步一步而不是跳跃式地前进。它并不总是以相同的速度在向前行进，它的进步是持续性的。人类并不是在发明，而是在推演。如果我们观察人类知识的任何一个领域，它的历史也就是一个进步的历史，都是源于一根不间断的链条；有事实依据的历史为我们提供了这一链条的一些部分，而我们的研究在于寻找链条中丢失的部分，以便于我们能够将一部分与其他部分连接起来。

数学史作为科学史中重要的研究分支同样存在上述情况——在一些当今重要的数学通史著作中大量的东方数学元素仍被忽略。2000 年，吴文俊院士建立了“数学与天文丝路基金”。其出发点和宗旨就是要研究中国古代数学与其他数学文明之间的交流情况，特别是沿着丝绸之路东方与西方之间的接触与交流。吴先生强调，我们不是要争什么“第一”，而是要本着实事求是的科学态度，通过认真的考察和研究，不论是东方受西方影响，还是西方受东方影响，或者相互影响，都要把事实研究清楚。吴先生虽然离开了我们，但是“丝路精神”永远存在。我认为，“数学与天文丝路基金”尤其为青年学者在新的历史时期指明了研究方向和研究标准，主要表现在两个方面。一是在今后的研究中要具备全球化视野。随着古代丝绸之路沿线新史料的发掘与整理，同时借助现代化的通信互联网工具，可以让我们在更宽广的时空范围内，从数学发展内因及政治、经济、宗教等外因去探究古代数学文明传播演化的脉络，同时可以从多角度去重新审视和评价以往的研究；二是创新，这是吴先生一贯坚持的原则。他在拓扑学和数学机械化方面的主要贡献正体现了这一原则，“数学与天文丝路基金”所推动的同样是一项极富创新的大型科研工程。创新不是对传统研究细枝末节的修补，而是基于大量翔实史料的解读、缜密的推理分析，尤其是对传统研究中较薄弱的领域进行开拓性的研究。

未来的中国不仅要成为世界数学强国，而且要成为数学史研究强国。我们青年学者要在继承老一辈优良传统的基础上，同时完成学术成果的代际积累，并要在理论、观念和方法上不断创新。再过些年，我们将不再局限于通过翻译外国的数学史书籍来了解历史，而要让世界听到更多中国学者的声音，让世界领略更多的东方智慧。我想这是吴先生所希望看到的。

郭园园

2019 年 1 月